Ralf R. Strupat   **Das bunte Ei**

Ralf R. Strupat

Das bunte Ei
Mit Kundenbegeisterung gewinnen

orell füssli Verlag

4. Auflage 2012

© 2008 Orell Füssli Verlag AG, Zürich
www.ofv.ch
Alle Rechte vorbehalten

Umschlagabbildung: © gettyimages (Jose Azel)
Umschlaggestaltung: Andreas Zollinger, Zürich
Druck: fgb • freiburger graphische betriebe, Freiburg

ISBN 978-3-280-05265-5

Bibliografische Information der Deutschen Bibliothek:
Die Deutsche Bibliothek verzeichnet diese Publikation in der Deutschen Nationalbibliografie; detaillierte bibliografische Daten sind im Internet über http://dnb.d-nb.de abrufbar.

Inhalt

Einführung

Liebe Leserin, lieber Leser,
was fällt Ihnen ein, wenn Sie an KUNDENBEGEISTERUNG denken?

Haben Sie vielleicht statt an «Begeisterung» eher an KUNDEN-BINDUNG gedacht? «Bindung» ist nicht dasselbe wie Begeisterung. Oder sind Sie lieber gleich auf Nummer Sicher gegangen und haben in Richtung KUNDENORIENTIERUNG umgeschaltet? Orientierung ist schließlich immer gut, da kann man nichts falsch machen. Andererseits kann man aber auch nichts wirklich herausragend gut machen, denn alle Unternehmen sind ja – mehr oder minder – auf Kunden ausgerichtet.

«Kundenbegeisterung» – solch ein Wort kann man doch gar nicht in den Mund nehmen, das ist viel zu hoch gegriffen! KUNDEN-ZUFRIEDENHEIT reicht vollkommen aus. Diesen Einwand höre ich sehr oft, wenn ich mit mittelständischen Unternehmern spreche. «Wissen Sie eigentlich, was ich hier alles um die Ohren habe?», fragte mich neulich der Inhaber eines Betriebs. «Ich stehe den ganzen Tag im Geschäft, außerdem kümmere ich mich um den Einkauf, um den Verkauf, um die Finanzen, um das Marketing, um das Personal, um die Logistik, um die Strategie undsoweiter undsoweiter – und jetzt soll ich mich auch noch um Kundenbegeisterung kümmern?! Das hat mir gerade noch gefehlt! Dafür habe ich doch meine Mitarbeiter!»

Aber wenn sich der Chef schon permanent überfordert fühlt, wie sollen sich dann erst die Mitarbeiter fühlen? Wie sollen sie ein offenes Ohr oder auch nur etwas Gespür für die Bedürfnisse des Kunden entwickeln, wenn der Chef schon den ganzen Tag mit einem gestressten Gesicht durchs Unternehmen läuft? Und wie sollen sich die Mitarbeiter für Kundenbegeisterung verantwortlich fühlen, wenn es der Chef selbst nicht tut?

 Kundenbegeisterung lässt sich nicht einfach an Mitarbeiter oder Kollegen «wegdelegieren». Sie entsteht nicht erst in jenem Moment, in dem der Kunde den Laden betritt oder anruft, um einen Auftrag zu erteilen – sondern sie ist entweder ein Teil der Unternehmenskultur oder bereits von Anfang an zum Scheitern verurteilt, weil sie gar nicht erst gelebt wird.

Viele Unternehmer und Führungskräfte entwickeln bei dem Wort «Begeisterung» ein falsches Bild: Sie denken an jemanden, der über glühende Kohlen rennt, den ganzen Tag auf Hochtouren läuft und dabei ständig «Tschaka» ruft. Doch darum geht es gar nicht! Niemand kann pausenlos in dieser Form «begeistert» sein. Kundenbegeisterung heißt vielmehr, den Kunden absolut in den Mittelpunkt aller Aktivitäten zu stellen. Und das ist eher eine Frage der inneren Einstellung als des permanenten Powerns.

Es geht um die vielen Kleinigkeiten im Umgang mit Kunden und auch im Umgang der Mitarbeiter im Betrieb untereinander – es geht um Freundlichkeit, um kleine Gesten, ein nettes Wort, um kleine Überraschungen, mit denen der Kunde nicht rechnet. «Der beste Service ist einfach nur freundlich», stellte eine Studie zum Thema «Erlebter Kundenservice» der Marketingberatung *dpm-team* fest: «Besonderer Kundenservice zeichnet sich nicht durch außergewöhnliche Maßnahmen aus, sondern bedarf nur einer ehrlich ausgestrahlten Freundlichkeit» – dieser These stimmten an die 40 Prozent der befragten Verbraucher zu. Die Betonung liegt auf dem Wort «ausgestrahlt»: Es geht nicht um eine routinemäßige, sondern um eine *ehrliche, von Herzen kommende* Freundlichkeit. Voraussetzung dafür ist die 4-M-Einstellung: Man Muss Menschen Mögen.

> «Ein Mensch kann alles erreichen, wofür er sich begeistert.»
> *(Charles M. Schwab)*

Hand aufs Herz: Im Grunde wissen wir doch alle, wie wichtig Kundenbegeisterung ist und dass es ohne heutzutage gar nicht mehr geht – ja dass die Kunden wegbleiben, die Gewinnmargen sinken und wir uns in einem gnadenlosen Verdrängungswettbewerb und Preiskampf befinden. Im Grunde suchen wir alle nach dem rettenden Ausweg aus der Krise. Eine aktuelle, 2007 vom Marktforschungsinstitut *Economist Intelligence Unit (EIU)* durchgeführte Untersuchung zur Kundenzufriedenheit führte zu dem Ergebnis: Mehr als 80 Prozent aller leitenden Manager *weltweit* (!) glauben, dass es ihren Umsatz unmittelbar negativ beeinflusst, wenn sie es nicht schaffen, ihre Kunden zu begeistern. Fehlende Begeisterung sehen sie als Ursache für 50 bis 75 Prozent aller nicht realisierten Verkäufe an.

Produkte und Dienstleistungen gleichen sich heute mehr und mehr wie ein Ei dem anderen. Daher reicht es eben nicht mehr aus, Kunden «nur» zufrieden zu stellen, denn zufriedene Kunden wechseln – schneller, als man denkt – den Anbieter, sobald ein Wettbewerber auch nur ein Fünkchen Begeisterung weckt, sobald er einen Tick besser ist und einen kleinen Aha-Effekt bietet, der woanders nicht zu bekommen ist.

Ein Unternehmen, dass es schafft, Begeisterung zu wecken, erscheint den Kunden angenehm auffallend anders als alle anderen – mit anderen Worten: Es wird zum bunten Ei, das aus der Masse der einheitlich norm-weißen Eier herausragt.

Das «bunte Ei» wird uns in diesem Buch begleiten. Es ist das Erkennungszeichen für Unternehmen, die anders sind und die es geschafft haben, sich von der Masse der eintönigen und langweiligen, immer gleich aussehenden Eier abzuheben. Sie, liebe Leser, werden Unternehmen aus Handel und Dienstleistung, aus Handwerk und Industrie kennenlernen, die ihre ganz individuelle Kundenbegeisterungsstrategie entwickelt haben und diese konsequent leben. Unternehmen, die nicht nur viele Auszeichnungen gewonnen haben, sondern die auch dem Dauerpreiskampf der Konkurrenz entronnen sind und sich eine erstklassige Marktpositionierung erarbeitet haben. Denn wer seinen Kunden hilft, erfolgreicher zu werden, wird auch selbst erfolgreich!

«Manche Menschen sind ohne Lebensfreude und schleppen sich lustlos durch ihre tägliche Arbeit, mit einem Wort: gerade warm genug, um eben durchzukommen, aber nie wirklich brennend und etwas Außerordentliches leistend. Doch erstaunliche Dinge geschehen, wenn ein Mensch Feuer fängt und richtig zu brennen beginnt.» *(Harold Blake Walker)*

Wann waren Sie selbst als Kunde das letzte Mal begeistert? Oft sind es gerade die Kleinigkeiten, die uns überraschen, nicht die großartigen Dinge. Erinnern Sie sich noch an Ihre Kindheit? Dort finden sich häufig die meisten Begeisterungsmomente, z.B. das erste Fahrrad zum Geburtstag, die Eisenbahn oder ein besonderes Spiel, das man sich gewünscht hat. Später als Jugendlicher ist es dann das erste Mofa, die erste Freundin bzw. der erste Freund und der erste gemeinsame Kinobesuch mit ihr oder ihm. Was waren die schönsten Erlebnisse für Sie, worüber konnten Sie sich wahrhaft freuen? Was hat Sie so richtig begeistert? War es ein Geschenk oder ein schönes Erlebnis? Bestimmt finden Sie in Ihren bisherigen Lebensstationen Beispiele. Jeder Mensch ist in seinem Leben schon oft begeistert gewesen. Leider ist häufig vom Feuer der Begeisterung nur die Glut übrig geblieben, und selbst über dieser liegt zuweilen ein Haufen Asche. Nutzen Sie dieses Buch, um selbst wieder für Ihre Idee zu brennen.

Letztlich geht es darum, dass Sie eine *Kundenbegeisterungsstrategie* für Ihr Unternehmen entwickeln, dass Sie Ihre individuellen Begeisterungsfaktoren entdecken, entwickeln und aktiv leben – mit dem Ziel, nicht nur erfolgreicher als Ihre Konkurrenten zu werden, sondern auch mehr Freude, Spaß und Erfüllung bei der Arbeit zu finden und dabei mit mehr Leichtigkeit Ihr Geschäft zu führen. Das betrifft den Chef oder die Chefin genauso wie die Führungskräfte und Mitarbeiter, denn Begeisterung kann man nicht alleine leben. Wenn Sie sich der Herausforderung stellen, wird etwas Faszinierendes geschehen: Sie werden die Magie der Zusammenarbeit zwischen Menschen entdecken. Sie werden erleben, dass plötzlich *alles* möglich wird – dass kein Weg zu weit, keine Aufgabe zu schwierig, kein Feierabend zu kurz ist, wenn das ganze Team von einem Ziel beseelt ist und in allen das Feuer der Begeisterung brennt. Dieses Feuer spiegelt sich im Leuchten der Augen aller Mitarbeiter, und auch der Kunde sieht es – es wirkt «ansteckend».

Für Ihren Weg zur Kundenbegeisterung brauchen Sie eine Strategie. Die Kundenbegeisterungsstrategie ist eine umfassende Unternehmensphilosophie, die im Kopf beginnt und direkt ins Herz des Kunden zielt.

Gleich zu Beginn eine Warnung: Es macht keinen Sinn, dass Sie die im Buch vorgestellten Strategien erfolgreicher anderer Unternehmen einfach nur kopieren. Immer wieder werden in Service-Rezeptbüchern jede Menge neuer und ungewöhnlicher Ideen vorgestellt und zur Nachahmung empfohlen. Nur zu kopieren, führt jedoch geradewegs in eine Sackgasse. Denn die Übernahme und Einführung «neuer» Ideen von anderen Unternehmen bringt viele Probleme mit sich:

1. Eine kopierte Service-Idee passt möglicherweise gar nicht zum Stärkenprofil Ihres Unternehmens und Ihrer Mitarbeiter. Sie wird darum nach anfänglicher Euphorie schnell wieder verworfen oder nur rudimentär umgesetzt. Die Folge: Die Mitarbeiter im Unternehmen haben neben ihrer täglichen Arbeit nun noch *eine Serviceaufgabe mehr* zu bewältigen, sind frustriert und im Grunde auch nicht motiviert, sich damit herumzuschlagen.

2. Die Ihnen als neu und ungewöhnlich erscheinende Service-Idee ist Ihren Kunden möglicherweise schon von anderen Unternehmen her längst bekannt. Statt Begeisterung zu wecken, ruft Sie bei Ihren Kunden nur ein müdes Gähnen hervor; statt den Faszinationsgrad Ihres Unternehmens zu erhöhen, haben Sie Ihre Kunden gelangweilt – weil sie im Grunde von Ihnen etwas ganz anderes erwartet hätten!

3 Die Service-Idee passt zwar zu Ihrem Unternehmen, aber in nullkommanichts haben sich Ihre Kunden daran gewöhnt. Was zunächst noch überraschend anders war, wird nun zur Routine. Weil Sie Ihre Kunden einmal überrascht haben, erwarten sie jetzt, dass Sie ständig «noch eins draufsetzen» und nun am laufenden Band neue überraschende Leistungen bieten. Je höher Sie

die Messlatte gehängt haben, desto größer die Enttäuschung, wenn Sie auf Dauer nicht mit immer neuen Leistungen aufwarten können. Sich andauernd selbst übertreffen zu müssen, führt zur Überforderung in jeder Hinsicht: im Hinblick auf die Kosten im Unternehmen, auf ein realistisches Arbeitspensum der Mitarbeiter und auf den Zwang zur ständigen Kreativität.

Darum ist die Kundenbegeisterungsstrategie so wichtig: Nur wer eine Strategie hat, bewahrt sich vor permanenter Selbstüberforderung, vor oberflächlicher Kopie der Geschäftsideen anderer, vor gefährlichen Enttäuschungen der Kunden und vor der Gefahr, mit gut gemeinten, aber unangemessenem Service am Markt vorbei zu agieren. Es geht ums Kapieren, nicht ums Kopieren!

Das vielfach hoch gepriesene «Benchmarking» führt geradewegs in eine Abwärtsspirale. Lassen Sie sich von den in diesem Buch vorgestellten Beispielen erfolgreicher Unternehmen inspirieren, ohne in eine «Copy-and-Paste»-Mentalität zu verfallen. Sie bekommen im Laufe des Buches einige Werkzeuge und Wirkzeuge an die Hand, um Ihre individuelle Strategie zu entwickeln, die sich nicht auf einzelne Serviceideen beschränkt, sondern *ganzheitlich* Ihr Unternehmen miteinbezieht.

Wenn Sie dieses Buch lesen, werden Sie über viele Dinge nicht mehr hinwegsehen oder -hören können, weil Ihre Sensibilität gewachsen ist. Sie werden allerlei Dinge in Ihrem Unternehmen entdecken, die Ihnen vorher noch nie aufgefallen sind – und von denen Sie vielleicht wünschten, dass Sie Ihnen nie aufgefallen wären: zum Beispiel die Kaffeeflecken auf dem Teppichboden, die unzureichende Beschilderung im Eingangsbereich, die überfüllen Parkplätze vor dem Haus, den längst überholten Telefonleitfaden in der Schublade, die angestaubten Verfahrensanweisungen und -handbücher im Regal oder den skeptischen Unterton Ihrer Kunden im Verkaufsgespräch. All das und noch viel mehr wird Ihnen auffallen – und Sie werden es ändern wollen, weil sich Ihre Sichtweise und Ihre Einstellung ändern wird! *Genau dort* setzt jede Kundenbegeisterungsstrategie an: nicht bei groß angelegten Fünfjahresplänen und 30-seitigen theoretischen Strategiekonzepten, sondern bei den *kleinen* Dingen des Alltags. Wenn Sie zum Kundenbegeisterungsexperten werden, dann werden Sie zugleich zum *Weltmeister in Kleinigkeiten.*

Auf unserer Reise in Richtung Kundenbegeisterung lassen wir uns von einer Karte leiten, die Seite 14 f. abgebildet ist. Werfen Sie bitte einmal einen Blick darauf. Die Karte zeigt die emotionalen Befindlichkeiten, die man durchlebt, wenn man sich Stück für Stück von einem Durchschnittsei in ein buntes Ei verwandelt: Da gibt es unter anderem die Marterberge und die Berge der Herausforderung, da gibt es den Über-Fluss und den Ab-Fluss, da gibt es Städte wie Seinschein-City, Lustheim und Bad Umbruch, und da gibt es ein großes Mehr mit vielen Inseln wie der Gewinsel, der Erfolgsinsel, der Mywayinsel und der Rückzugsinsel …

Möglicherweise haben Sie zu diesem Buch gegriffen, weil Sie sich gerade in den Marterbergen befinden und in Preiskampf und Wettbewerbsdruck feststecken. Bewaffnet mit einer Reinhold-Messner-Ausrüstung haben Sie bisher Jahr für Jahr, Tag für Tag tapfer einen Mount Marter nach dem nächsten erklommen. Umzingelt von eiseskalten, windumtosten und schier unbezwingbaren Neuntausendern suchen Sie vielleicht schon lange nach dem lieblichen, sonnenbeschienenen Tal, der grünen Aue, auf der Sie Ihr Unternehmen weiden lassen können. Versprochen: Es gibt ein grünes Tal, und zwar ganz gleichgültig wie schlecht im Moment die Aussichten mit dem Fernglas zu sein scheinen! Aber zuerst müssen Sie von den Marterbergen herunterkommen.

Wenn Sie genau hinschauen, dann sehen Sie auf der Karte, dass jenseits der Marterberge ein Fluss liegt, der Im-Fluss, mit reizvollen Orten in der näheren Umgebung, die einen Ausflug wert sind: Orte wie Selbstverwirklichung, Entspannung, Freudenheim, Vertrauen. Und wenn Sie Im-Fluss sind, dann schwimmen Sie geradewegs auf das Basislager zu. Dort befindet sich die burgartig befestigte Station, von der aus Sie Ihre Kundenbegeisterungsstrategie sicher entwickeln können.

Über Begeisterungsland kann man nicht einfach mit dem Düsenjet hinwegfliegen. Die wirklich interessanten Orte würde man unter der dicken Wolkendecke gar nicht erkennen, und all die Kleinigkei-

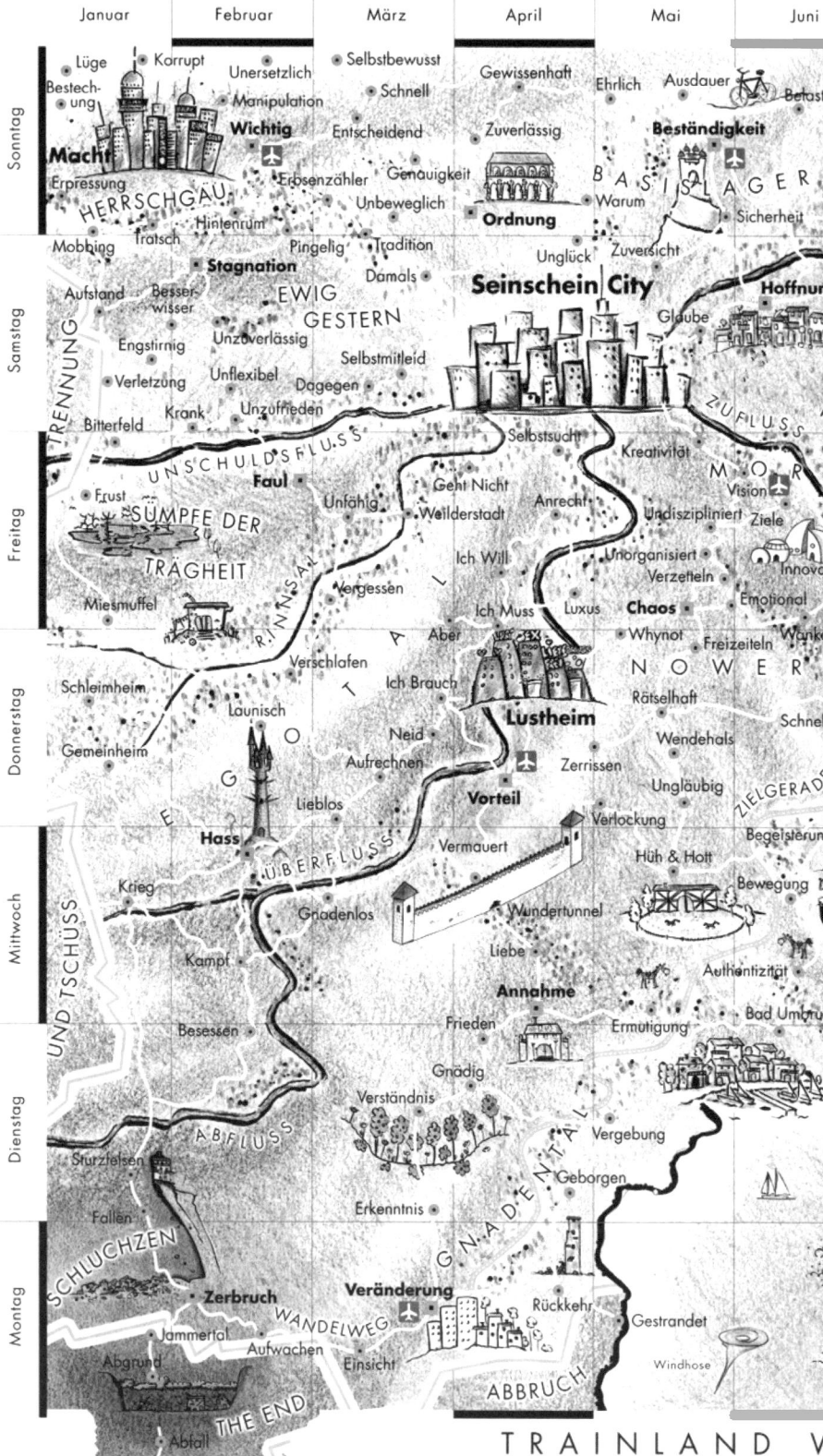

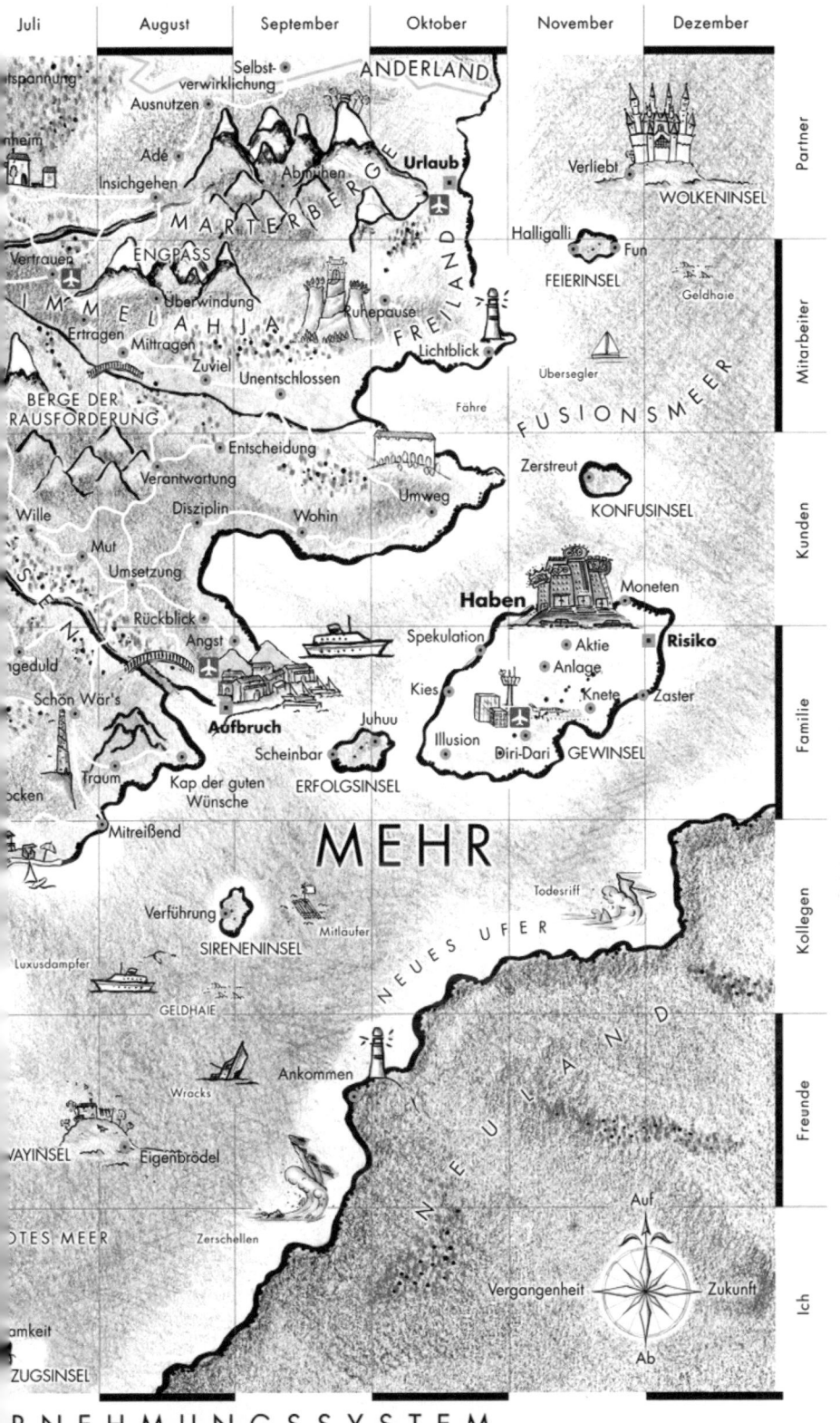

ten, die für die Kundenbegeisterung notwendig sind, sähe man nicht. Daher müssen wir das Land Schritt für Schritt erwandern – ausgerüstet mit einem großen Rucksack voller Proviant, der mit Freude, Spaß, Humor, Fröhlichkeit, Leichtigkeit und Lachen gefüllt ist.

Und wo wohnt der Autor in Begeisterungsland? Wenn ich mich nicht gerade bei meinen Kunden in Lustheim, Begeisterung, Bad Umbruch oder Aufbruch aufhalte, dann wohne ich in Ost-Westfalen, genauer gesagt in Halle. Für alle, die jenseits der Mainlinie oder in der Schweiz leben: Ost-Westfalen liegt so ein bisschen rechts oben hinter dem Ruhrgebiet. Auf der Karte Seite 14 f. ist Halle nicht eingezeichnet – aus gutem Grund. Den Ost-Westfalen sagt man nämlich im Allgemeinen nach, dass sie zum Lachen in den Keller gehen. Wir arbeiten hart an einer Verbesserung unseres Images und sind derzeit bemüht, eine entsprechende Eintragung von Halle auf der Karte behördlicherseits per Antrag zu erwirken …

In den vergangenen Jahren habe ich schon viele Unternehmen auf der Reise ins Begeisterungsland begleitet. Ich kenne all die Stationen, die Unternehmen auf der Reise durchlaufen – den Schmerz, den Zweifel, die Trägheit, aber auch die Freude, die Lust und den Spaß, wenn die ersten wirklich begeisterten Kunden am Horizont des Mehres auftauchen. Als Reiseführer möchte ich auch Ihnen gerne den Weg zur Kundenbegeisterung zeigen. Machen Sie es sich draußen im Sonnenschein auf der Terrasse oder an Ihrem Lieblingsort gemütlich. Denn Begeisterung entwickelt man nur, wenn man entspannt und fröhlich ist!

Übrigens ist es gleichgültig, ob der Kunde bei Ihnen Kollege, Partner, Bürger, Patient, Schüler oder Mandant heißt – in diesem Buch finden Sie in jedem Fall, was Sie brauchen, um Kundenbegeisterung zu wecken. Nehmen Sie gleich Zettel und Stift zur Hand, um sich neue Ideen, Erkenntnisse und Einfälle zu notieren. So kommen Sie vom Lesen direkt ins Tun! Nutzen Sie dazu auch unsere Homepage *www.das-bunte-ei.de,* von der Sie Vorlagen zur Vertiefung des Buchinhalts herunterladen können.

Viel Erfolg und viel Spaß auf Ihrer Reise zur Kundenbegeisterung wünscht Ihnen

Ihr Ralf R. Strupat

1. Teil

Die Berge der Überwindung meistern – Aufbruch ins Begeisterungsland

Im ersten Teil des Buches machen wir uns Gedanken über die heutige Marktsituation und überlegen uns, warum es Unternehmen derzeit so schwer haben, sich zu behaupten. Wir kämpfen uns anschließend tapfer durch den Dschungel der Begrifflichkeiten und erkunden neues wie auch altes Terrain, wenn wir untersuchen, in welcher Hinsicht sich Kundenbegeisterung von «bloßer» Kundenzufriedenheit, Kundenbindung und Kundenorientierung unterscheidet.

Außerdem wollen wir uns die richtige Ausrüstung für unsere weitere Reise zusammenstellen: Wir brauchen einen inneren Kompass, damit wir unser Ziel nicht aus den Augen verlieren. Wir werfen unnötigen Ballast ab, damit wir auf unserer Reise nicht zu viel überflüssiges Gepäck mitführen, das uns nur belastet, lähmt und die Reisezeit unnötig verlängert. Ziel ist es, in den Lebensfluss zu gelangen und dabei Engpässe wie Unentschlossenheit, Überforderung und Trägheit für die weitere Begeisterungsreise hinter uns zu lassen.

Nicht zuletzt schauen wir uns einige Durchschnittseier und einige bunte Eier an, um nach und nach zu lernen, woran man sie erkennt und wie man sie klar voneinander unterscheidet.

1. Kundenfrust – Spiel ohne Grenzen

Der Kunde ist schon lange bedient

Ach, du dickes Ei!

Der verkaufsoffene Sonntag sollte für das Lederwarengeschäft etwas ganz Besonderes werden. Denn das Unternehmen feierte in diesem Jahr sein 25-jähriges Bestehen. In lokalen Tageszeitungen schaltete der Inhaber Anzeigen mit folgendem Wortlaut: «Wir feiern Jubiläum! Wer am Sonntag zu uns ins Geschäft kommt, in diesem Jahr seinen 25. Geburtstag feiert und dies durch Vorlage seines Personalausweises belegt, erhält von uns eine Blume geschenkt.» Der Erfolg der Aktion blieb aus. Nur ganz wenige Geburtstagskinder kamen, um «ihre» Blume abzuholen.

Bei näherer Betrachtung überrascht es nicht, dass die Aktion ein Flop wurde. Der Geschäftsinhaber hatte so ziemlich alles falsch gemacht, was man nur falsch machen konnte: Er hatte zu hohe Hürden aufgebaut und den Kreis der Teilnehmer zu sehr eingeengt. Für eine simple Blume im Werte von ca. einem Euro die Vorlage des Personalausweises zu verlangen, riecht heutzutage schon mehr nach Datenschnüffelei und Geiz als nach einer duftenden Rose. Und der Kreis der Empfänger war im Hinblick auf geplante Zusatzverkäufe oder die langfristige Gewinnung neuer Interessenten viel zu klein – ganz abgesehen davon, dass Geburtstagskinder an ihrem großen Tag meist etwas anderes zu tun haben, als in ein Geschäft zu gehen, das sie nicht einmal kennen. Die Aktion entsprang wohl dem verzweifelten Versuch, die Marterberge mit einem halbherzigen Fallschirmabsprung zu verlassen, wobei sich der Fallschirm aber leider in einer Gletscherspalte verfing.

Wie hätte es der Lederwarenhändler besser machen können? Ganz sicher geht es nicht darum, am Jubiläumstag hochwertige Verkaufsware im Wert eines zwei- oder dreistelligen Euro-Betrages zu verschenken. Eine Blume als Geschenk war schon in Ordnung.

19

Aber geschickter wäre es gewesen, in der Anzeige nicht schon im voraus zu verraten, was die Besucher im Geschäft am verkaufsoffenen Tag bekommen werden, sondern stattdessen eine «Überraschung» anzukündigen – und diese dann natürlich *allen* Besuchern zuzusichern.

 **Menschen sind von Natur aus neugierig. Mit einer toll aufgemachten und geschickt angekündigten «Überraschung» kann man beinahe jeden ködern. Dabei kommt es gar nicht darauf an, dass es sich um ein teures Geschenk handelt. Es kann auch eine Kleinigkeit sein – Hauptsache, sie wird richtig inszeniert und dem Kunden mit der entsprechenden Aufmerksamkeit und Herzlichkeit übergeben, so dass er sich persönlich angesprochen fühlt.**

«Es ist nichts so klein und wenig, dass man sich nicht daran begeistern könnte.» *(J. C. Friedrich Hölderlin)*

Nicht nur im Falle des Ledergeschäftes zwingen Unternehmen ihre Kunden ständig, wider Willen in den Marterbergen herumzukraxeln. Nein, es macht wirklich keinen Spaß, Kunde in Deutschland zu sein:

- Kunden werden oft gar nicht als Menschen wahrgenommen, manchmal nicht einmal angeschaut und nur angemuffelt. Freundlichkeit ist ein Wort, dessen Bedeutung man am besten im Fremdwörterlexikon nachschlägt.
- In allen Verbraucher- und Supermärkten muss man sich als zahlender Kunde in lange Kassenschlangen einreihen und froh sein, wenn man nach 20 Minuten Wartezeit endlich bezahlen «darf».
- Das Personal im Handel wie auch im Dienstleistungsbereich, in der Industrie wie auch im Handwerk ist oft inkompetent und schlecht informiert – der behelfsmäßig eingearbeitete Aushilfsfahrer, die nicht motivierte 400-Euro-Kraft und anderes ständig wechselndes Personal lassen grüßen.
- Die meisten technischen Geräte sind Bücher mit sieben Siegeln, Bedienungsanleitungen seit Jahr und Tag eine Katastrophe, und wenn man eine Reparatur oder eine Wartung benötigt, steht

man im Regen. Am besten wirft man das Gerät gleich in die Mülltonne.

- Das ist sowieso häufig die einzige Möglichkeit, denn der Verschleiß ist heute so genau kalkuliert, dass elektronische Geräte exakt an dem Tag kaputtgehen, an dem die Garantiezeit abläuft. Häufig ist dann lediglich ein winziges, aber funktionsentscheidendes Teil im Werte von lächerlichen 10 Cent hinüber, für das es aber prinzipiell keinen käuflichen Ersatz gibt. Gezwungenermaßen muss man dann gleich ein neues Gerät für 500 Euro oder mehr erwerben.

- In großen Unternehmen ist E-Mail-Kommunikation immer noch ein Fremdwort. Anfragen per Mail werden gar nicht oder mit wochenlanger Verzögerung beantwortet, Attachments gleich weggelöscht – schließlich muss man sich ja vor Viren schützen. Jeder arbeitet so vor sich hin, und das Einzige, was dabei immer wieder hartnäckig stört, ist der Kunde.

Die Liste ließe sich beliebig fortsetzen, doch belassen wir es dabei. Der Dienst am Kunden ist mittlerweile so unter aller Kritik, dass der Einzelne schon gar nichts mehr erwartet. Und das gilt für Konzerne genauso wie für mittelständische und kleine Unternehmen. Erst jüngst belegte ein repräsentativer Servicetest von *Focus:* Hundert internationale Großkonzerne bekamen in den Augen der Kunden in den Disziplinen Erreichbarkeit, Freundlichkeit und Qualität im Durchschnitt lediglich die Note 4 (ausreichend), aber selbst die besten Konzerne schafften nur die Note 3 (befriedigend). Kein Zweifel: Der Kunde *ist* bedient, weil er nicht bedient *wird* – jedenfalls in Deutschland. Hierzulande lassen sich Kunden fast alles gefallen.

Wenn so viele Unternehmen in der Wahrnehmung der Kunden so schlecht abschneiden, dann müsste es doch ein Leichtes sein, besser zu sein und sich schon mit geringer Anstrengung einen Marktvorsprung vor der Konkurrenz aufzubauen. Denken Sie mal darüber nach, was «Bessersein» für Ihr Geschäft bedeuten könnte!

«Einen Vorsprung im Leben hat, wer da anpackt,
wo andere erst einmal reden.» *(John F. Kennedy)*

Als Kunden sind wir heute alle satt. Wir duschen mit lauwarmem Trinkwasser, nahezu jeder 18-Jährige hat ein eigenes Auto, jedes 12-jährige Kind ein eigenes Handy, und unsere Schränke und Wohnungen sind vollgestopft mit 50 Jahren Wohlstandsprodukten. Wie satt wir sind, merken wir besonders dann, wenn wir jemandem etwas schenken wollen: Jeder hat schon alles, auch die Kinder. Im Grunde fällt uns kaum etwas Sinnvolles ein, das wir jemandem schenken könnten. Was erwarten Menschen, die schon alle Produkte zu Hause haben, die man sich auch nur im Entferntesten vorstellen kann?

Hitliste der schrillsten und abgedrehtesten Produkte
- Krawatten, deren Spitzen in USB-Sticks münden
- Türgriffe, die einem von selbst die Hand geben
- Wein- und Sektgläser, die allein miteinander anstoßen können
- Kaffeebecher, bei denen die Menge eingefüllter Milch an einem integrierten Lackmus-Streifen farblich erkennbar ist
- Manschettenknopf-Uhren
- Elektronische Kühlschränke, die ihre eigenen Einkaufslisten erstellen
- Leselampen, in die man die Bücher zum Lesen gleich einklemmen kann
- Rückwärts (entgegen dem Uhrzeigersinn) laufende Uhren
- Juwelenbesetzte Haarscheren
- Aufblasbare Kirchen (mobile Gummi-Gotik)

Wie bitte? Sie glauben, das hätte ich mir alles nur ausgedacht, weil die Fantasie mit mir durchgegangen ist? Dann surfen Sie mal durch das wilde Web! All diese Produkte gibt es nämlich bereits. Und nicht nur im Internet, sondern auch in vielen Geschäften finden Sie jede Menge solcher Eier legenden Wollmilchsäue, Version tieftauchfähig und höhenerfahren.

Viele dieser gelegten Eier sind nichts weiter als gut getarnte

Durchschnittseier, die sich ein buntes Mäntelchen umgehängt haben, oder gar faule Eier, die aus dem beinahe verzweifelten Versuch entstanden sind, irgendein «einzigartiges» Produkt zu kreieren, das noch kein anderer Konkurrent hat und mit dessen Abverkauf man sich wenigstens einen minimalen Vorsprung sichern und ein paar Käufer mehr anlocken kann. Dabei wäre es doch viel einfacher, auf andere Art und Weise ein *Alleinstellungsmerkmal* aufzubauen, um die Attraktivität des Geschäfts zu erhöhen – indem man nämlich dort ansetzt, wo der *wirkliche* Bedarf der Kunden liegt und dann eine Begeisterungsstrategie entwickelt.

Was sich Kunden wirklich wünschen

Was wollen satte Konsumenten wirklich? Sie wollen zum Beispiel Dienstleistungen – sie wollen ein Erlebnis, das bestenfalls individuell auf sie zugeschnitten ist. Aber genau dies ist oft so schwer oder gar nicht zu bekommen. In praktisch allen Branchen konzentriert man sich einseitig auf den Abverkauf materieller Produkte, während immaterielle Serviceleistungen, wenn überhaupt, nur nachrangig gesehen werden.

Experten behaupten sogar, gesättigte Konsumenten knauserten und sparten bewusst bei Waren, um sich mehr Dienstleistungen gönnen zu können, weil sie denen einen größeren Wert bei der Erhöhung ihrer Lebensqualität beimessen. Das ist leicht nachzuvollziehen: Sind die Bäuche und Schränke voll, sind alle materiellen Bedürfnisse abgedeckt, so ist die Lebenssituation eine vollkommen andere als nach dem Zweiten Weltkrieg, als man sich zunächst einmal von Grund auf neu eindecken musste. Trotzdem wird dauernd so getan, als ob die Kunden noch nicht genug besäßen und es ihnen darum ginge, «immer mehr vom Gleichen» anzuhäufen.

«In einer Überfluss-Gesellschaft werden nicht mehr die Angebote knapp, sondern die Wünsche.» *(Günther Anders)*

Service und Dienstleistungen haben im Gegensatz zu Waren einen *Erlebnischarakter* – und genau dieser ist es, nach dem gesättigte Konsumenten gieren! Erlebnisse wie schick essen gehen, tolle Reisen machen, Fantasieparks wie Disneyland besuchen – und sehr oft auch noch viel grundlegendere Erlebnisse, die um erworbene Produkte selbst kreisen, wie z.B. der sichere Umgang und das Beherrschen eines neu gekauften DVD-Players, eines PCs oder einer Digitalkamera.

 **Es reicht heute nicht mehr aus, *dass* der Kunde das gewünschte Produkt erhält; entscheidend ist vielmehr, *wie* er es erhält.**

Die meisten Unternehmen machen sich viel zu wenig Gedanken darüber, in welchen Beziehungen ihre Produkte zum Leben der Kunden stehen: Wie viele gleicher oder ähnlicher Produkte hat der Kunde schon? Müssen Altprodukte entsorgt werden, bevor bei Käufern die Bereitschaft entsteht, etwas Neues zu erwerben? Welche Verwendungsmöglichkeiten gibt es für die Produkte? Ist die Bedienung leicht und einfach, oder sollte man dem Kunden dabei helfen? Muss das Produkt zusammengesetzt und erst betriebsbereit gemacht werden, und kann der Kunde das selbst oder sollte man ihn dabei unterstützen? Muss das Produkt zum Kunden transportiert werden? Welches Produkt aus der großen Auswahl ist überhaupt für den Kunden das richtige? Aus den Antworten auf Fragen dieser Art erwachsen neue Servicechancen, nach denen die Kunden begeistert greifen würden, sofern sie ihnen denn geboten würden.

Ach, du dickes Ei!

 Eine Kundin beabsichtigte, eine Digitalkamera zu erwerben. Doch sie misstraute den sogenannten «Beratungen» in Fotofachhandelsgeschäften. Schon mehrfach hatte sie erlebt, dass man sie nach dem Verwendungszweck ihrer geplanten Anschaffung höchstens oberflächlich fragte und ihr nur ein tagesaktuelles billiges Sonderangebot aufschwatzte. Zu Hause angekommen, musste sie jedes Mal feststellen, dass die erworbenen Kameras – mittlerweile drei Stück – nicht nur alle

untauglich für ihre Bedürfnisse, sondern aufgrund überfrachteter komplizierter Menüs auch noch haarsträubend schwierig zu bedienen waren.

Also sah sie sich um, wo sie eine wirklich auf ihre Bedürfnisse zugeschnittene fachkundige Beratung für die Auswahl eines geeigneten Kameramodells bekam, ohne dass man ihr gleich das erstbeste Schnäppchen andrehte. Gar nicht so einfach! Denn es gibt keinen ausgewiesenen Service für solche Anliegen. Nach längerem Suchen fiel ihre Wahl auf die Volkshochschule. Dort belegte sie zur Sicherheit gleich zwei Wochenendkurse in Fotografie für insgesamt 180 Euro. Die Kurse wurden von Profi-Fotografen geleitet, die nicht nur die unterschiedlichen Verwendungsmöglichkeiten von Kameras kannten, sondern auch Tipps gaben, wie man richtig gute Fotos machte, notwendiges Kamerazubehör erklärten und am Laptop vorführten, wie man Fotos digital bearbeitete. Zudem hatte die Kundin die Gelegenheit, mehrere Kameramodelle in Ruhe auszuprobieren, um festzustellen, welches Modell sich am besten für sie eignete. Einer der Referenten bot sogar außerhalb der Volkshochschule Urlaubskurse in Fotografie an, damit Teilnehmer in entspannter Atmosphäre und unter fachkundiger Anleitung die Bedienung der Kamera in einer Gruppe gleichgesinnter Amateur-Fotografen erlernen konnten. Angeboten wurden Fotomotivreisen nach Paris, Mailand und in die Toscana. Eine prima Idee! Doch nun war, bestens ausgerüstet mit dem nötigen Hintergrundwissen, erst mal der Kauf der geeigneten Kamera angesagt.

Da die Kundin nun genau wusste, welches Kameramodell sie brauchte, klapperte sie in nur 20 Minuten fünf oder sechs Fotofachgeschäfte in der Innenstadt ab. Schon von weitem winkten ihr in den Schaufenstern die aktuellen Sonderangebote diverser Kameramodelle – darunter auch ihr Wunschmodell – entgegen, so dass sie nicht einmal nach den Preisen zu fragen brauchte. Die gleiche Kamera wurde im ersten Laden für 490 Euro, im nächsten für 510 Euro, im übernächsten für 530 Euro und in einem weiteren für 550 Euro angeboten.

Kurzerhand ging sie in das Geschäft, wo die Kamera für 490 Euro verkauft wurde. Nebst Zubehör gab sie dort insgesamt rund 1000 Euro für ihre Kameraausrüstung aus. Die Beratung beim Verkauf und die Erklärung der Kamerafunktionen war – wie üblich – dürftig, einsilbig und viel zu schnell gewesen, doch da sie genau wusste, was sie wollte, konnte sie das nicht vom Kauf abhalten.

Der Fachhändler tat so, als ob der Kauf einer Kameraausrüstung im Werte von über 1000 Euro etwas Alltägliches wäre. Außer einem gemurmelten «Dankeschön» an der Kasse erfuhr die Kundin keine weitere Aufmerksamkeit. Dann ging dem Händler wohl offensichtlich nachträglich doch noch ein Licht auf, dass es sich hier um eine vielversprechende neue Kundin handelte. Als sie schon im Begriff war, den Laden zu verlassen, lief er ihr hinterher und drückte ihr noch einen Gutschein für die kostenlose Entwicklung von 100 Digitalfotos in die Hand.

Die Freude der Kundin, endlich die richtige Digitalkamera erworben zu haben, wurde nur dadurch getrübt, dass sie wenig später ihr Kameramodell im Web für 420 Euro entdeckte. Da hätte sie 70 Euro sparen und doch besser gleich die gesamte Ausrüstung im Web kaufen sollen!

So haarsträubend diese Geschichte klingt, sie ist hundertprozentig wahr und in allen Einzelheiten genauso passiert. Sie zeigt beispielhaft, wie hier *Servicechancen über Servicechancen verschenkt* werden! Fachhändler agieren in einem harten Verdrängungswettbewerb und überschlagen sich emsig darin, ihre Produkte «für 'nen Appel und 'nen Ei» zu verhökern, aber die eigentlichen Bedürfnisse der Kunden im Dienstleistungssektor werden nicht mal ansatzweise erkannt. Warum bieten Fachhändler für Interessenten, Kunden und Amateur-Fotografen keine Kurse in Fotografie, Kamerabedienung und digitaler Fotobearbeitung an? Warum kommen sie nicht auf die Idee, Foto-Urlaubsreisen zu veranstalten? Damit wäre nicht nur Geld zu verdienen, sondern es würde auch Kunden *begeistern* und in die Geschäfte locken – Kunden, die offensichtlich mehr wollen, als das erstbeste Schnäppchen zu erwerben. Solche Serviceleistungen würden genau den erwarteten *Mehrwert* bieten, der Kunden davon abhält, immer nur beim Billigsten zu kaufen. Hier überlässt man das ureigenste Feld der Kaufberatung «zufälligen» Institutionen wie der Volkshochschule und den Verkauf vielfach den Internet-Shops! Das gilt nicht nur für Fotohändler, sondern im Grunde für Unternehmen in allen Branchen: Service ist Mangelware.

> «Es sind nicht bestimmte Arbeiten, die langweilig und trübselig sind, sondern weit eher die Menschen, die sie verrichten.»
>
> *(Norman Vincent Peale)*

Der Preiskampf – verbunden mit einer wachsenden Austauschbarkeit der Anbieter wie auch der Produkte – beruht vielfach darauf, dass die wahren Bedürfnisse der Kunden im Service- und Dienstleistungsbereich völlig ignoriert werden. Man versucht krampfhaft, über Preise eine Differenzierung vom Wettbewerb zu erreichen, und bewegt sich damit in einer Abwärtsspirale sinkender Gewinnmargen und Rentabilität.

Hinzu kommt die absolute *Preistransparenz,* die wir heute auf allen Märkten haben. Kunden sind heute bestens informierte, gnadenlose Einkäufer, die sich in Sachen Preise und Schnäppchen nichts vormachen lassen. Nicht zuletzt über das Internet kann man heute leichter denn je in allen Bereichen und Branchen Preise vergleichen und sich dann den günstigsten Anbieter heraussuchen.

Merke: *Geiz ist geil – Service erfreut – aber Kundenbegeisterung ist magisch anziehend!* Diese entsteht jedoch nur, wenn man Menschen (Kunden) eine größere Aufmerksamkeit schenkt als (materiellen) Produkten und Waren. Dann wird die Differenzierung vom Wettbewerb leicht, und das sogar ohne Sonderangebote.

2. Warum Kundenbegeisterung heute unerlässlich ist und woran man sie erkennt

Begriffsdschungel rund um den Kunden

Es gibt eine Reihe von Begriffen, die um Kunden kreisen wie Satelliten um eine Umlaufbahn: Die Rede ist von *Kundenfreundlichkeit, Kundenorientierung, Kundenzufriedenheit, Kundenbindung, Kundenloyalität und Kundenbegeisterung.* Schauen wir uns einmal näher an, was sich hinter jedem einzelnen Begriff verbirgt, um auf unserer weiteren Reise sicher zu sein, dass wir vom selben Ziel sprechen.

Kundenorientierung meint nichts weiter als die allgemeine Ausrichtung des Unternehmens auf die Kunden. Das ist so selbstverständlich, dass dieses Wort im Grunde überflüssig ist, auch wenn es jedermann im Munde führt. Denn wozu sind Unternehmen da? Doch einzig und allein dafür, um einen bestimmten Bedarf bestimmter Zielgruppen (= Kunden) zu erfüllen! Unternehmen sind schließlich keine Veranstaltungen zum bloßen Selbstzweck, die um ihrer selbst willen existieren. Immer steckt hinter den angebotenen Waren und Dienstleistungen – egal um welche es sich handelt – ein Bedarf von *Menschen.* Leider rangiert jedoch in vielen Unternehmen die Produktorientierung vor der Kundenorientierung mit der Folge, dass viele Unternehmen über ihre Produkte besser Bescheid wissen als über ihre Kunden.

Kundenfreundlichkeit heißt von der Wortbedeutung her, dass der Kunde wie ein «Freund» behandelt wird: Man schenkt ihm Aufmerksamkeit, man hört ihm zu, man geht auf seine Wünsche ein – mit anderen Worten: Man kommuniziert aktiv und positiv mit ihm, anstatt ihn als lästigen Störenfried zu behandeln.

Jetzt wird es ein wenig schwieriger: Wie grenzt man *Kundenzufriedenheit* von *Kundenbegeisterung* ab? Manchmal werden die beiden Begriffe synonym verwendet, aber sie sind es nicht. Kundenzufriedenheit misst die Differenz zwischen dem, was der Kunde erwartet, und dem, was er tatsächlich bekommt – genauer gesagt:

dem, was er wahrnimmt, bekommen zu haben. Denn dazwischen kann ein Unterschied bestehen. Der Kunde kann der Ansicht sein, etwas Bestimmtes nicht bekommen zu haben, während das Unternehmen der Ansicht ist, der Kunde hätte bekommen, was ihm zusteht.

Vereinfacht gesagt findet also ein Vergleichsprozess statt, wenn der Kunde innerlich prüft, ob er zufrieden ist: Er wägt ab, ob die Soll-Leistung (seine Erwartung) mit der Ist-Leistung (seiner Wahrnehmung) übereinstimmt. Für die Kundenzufriedenheit gibt es eine einfache mathematische Formel, die leicht nachzuvollziehen ist:

$$\text{Kundenzufriedenheit} = \frac{\text{Wahrgenommene Leistung (Ist)}}{\text{Erwartete Leistung (Soll)}}$$

Hat der Kunde genau das wahrgenommen, was er erwartet hat, so ist die Lösung der Gleichung immer 1 (z.B. Faktor 2 : Faktor 2); in diesem Falle ist der Kunde zufrieden. Hat er weniger wahrgenommen als er erwartet hat, so ist die Lösung immer < 1 (z.B. Wahrnehmungsfaktor 2 : Erwartungsfaktor 4 = 0,5); in diesem Fall ist der Kunde *un*zufrieden.

Übertrifft jedoch die vom Kunden wahrgenommene Leistung seine Erwartungen, so ist die Lösung > 1 (z.B. Wahrnehmungsfaktor 4 : Erwartungsfaktor 2 = 2). In diesem – und nur in diesem – Falle ist der Kunde *begeistert!* Damit haben wir eine klare Definition von Kundenbegeisterung:

Kundenbegeisterung tritt immer dann ein, wenn ein Kunde mehr bekommt – oder glaubt, mehr bekommen zu haben –, als er vor dem Kauf erwartet hat. Begeisterung ist die *positive* Lücke zwischen der Kundenerwartung und der -wahrnehmung. Kundenbegeisterung schließt Kundenzufriedenheit, Kundenorientierung sowie Kundenfreundlichkeit mit ein, geht aber deutlich darüber hinaus und bietet *mehr*.

Wenn die Erwartungen des Kunden übertroffen wurden, wenn er mehr bekommen hat als das, womit er gerechnet hat, so ist er *überrascht*. Mit anderen Worten: *Überraschung ist ein wesentliches Element*

der Kundenbegeistung. Überraschung hat immer etwas mit Erlebnis, mit Spannung und mit Inszenierung zu tun: Der Kunde hat vor dem oder beim Kauf etwas ganz Besonderes *erlebt* – etwas, wovon er nie geglaubt hätte, dass es das geben könnte. Dabei ist es gleichgültig, ob das Erlebnis mit dem erworbenen Produkt selbst zu tun hatte oder mit etwas anderem, z.B. der außergewöhnlichen Bedienung durch den Verkäufer. Auch für den Grad der Überraschung gibt es eine einfache Formel:

$$\text{Überraschung} = \frac{\text{Was der Kunde noch nicht kennt oder weiß}}{\text{Was der Kunde aus der Vergangenheit kennt oder weiß}}$$

Ist die Lösung der Gleichung > 1, so ist der Überraschungsgrad hoch; ist die Lösung < 1, so tritt keine Überraschung ein.

Das Gelbe vom Ei

Die *Kinderüberraschungseier* von Ferrero bieten einen sechsfachen Kundennutzen: Schokolade (= Genuss) mit hohem Milchanteil (= gesunde Ernährung), Überraschung (= unbekannter Inhalt des Eis), Spiel (= Figuren und Spielzeug zum Zusammenbauen), praktische Aufbewahrung des Inhalts (= gelbe Plastikverpackung um das Spielzeug) und Befriedigung der Sammlerleidenschaft (= limitierte Ei-Serien zu wechselnden Themen). Die Überraschungseier sind seit 1974 auf dem Markt und mittlerweile in ganz Europa berühmt. Längst sind auch Tausende Erwachsene zu Sammlern geworden, und manche Ü-Eier-Spielzeuge sind so begehrt, dass sie inzwischen für dreistellige Euro-Beträge auf dem Sammlermarkt den Besitzer wechseln – und das obwohl der Materialwert der Spielzeuge im zweistelligen Cent-Bereich liegt. Ein ganzer Markt mit Kauf und Verkauf, mit Auktionen und Ausstellungen ist rund um die Ü-Eier entstanden – ganz zu schweigen von ihrem konstant hohen Anteil im heiß umkämpften Markt der Süßigkeiten, wo heute viele Produkte kaum länger als ein halbes Jahr überleben. Die Ü-Eier verdienen ihren Namen völlig zurecht: Wer es schafft, 33 Jahre lang immer wieder von neuem Kunden zu überraschen, zu verblüffen

und zu begeistern, der ist zweifellos ein ausgewiesener Begeisterungs-
stratege.

Wie steht es nun mit den letzten beiden Begriffen: *Kundenbindung*
und *Kundenloyalität?* Wirklich «binden» lassen sich Kunden nicht –
es sei denn, man würde sie fesseln. Von daher finde ich den Begriff
Loyalität – Synonym für freiwillige Treue – angemessener. Denn die
Freiwilligkeit ist immer ein entscheidender Faktor bei jedem Kauf.
Kunden lassen sich nicht wie dressierte Hunde an die Leine binden
und vorschreiben, ob sie wiederkommen, um weitere Käufe zu tätigen. Das zeigt sich auch daran, dass eine Kundenbindung durch
bloße Kundenzufriedenheit allein heute nicht mehr erreicht werden kann. Untersuchungen von *forum! Marktforschung* führten zu
dem Ergebnis, dass 25 Prozent aller bloß zufriedenen Kunden sich
nicht (!) an das Unternehmen gebunden fühlen und wechselwillig
sind. Demgegenüber beträgt die Wahrscheinlichkeit, dass begeisterte Kunden wiederkommen, 300 Prozent. Daran zeigt sich: Zufriedenheit allein reicht heute nicht mehr aus, wenn man Kunden
langfristig gewinnen will. Vielmehr ist Kundenbegeisterung un-
erlässlich. Kundenbegeisterung ist die Voraussetzung für Kundenloyalität.

Vom Geist beseelt

BeGEISTerung – was ist das eigentlich genau? Das Wort *Geist* ist alt-
germanischen Ursprungs und die Wurzel bedeutet ursprünglich «Er-
griffenheit, Aufgebrachtheit, Erregung», was sowohl positiver als
auch negativer Natur sein konnte. Von der negativen Erregung, der
Ent-Geisterung, leitet sich das Wort «Ghost» (Gespenst) her; von der
positiven Aufregung die Nähe zu Begriffen wie «Seele» und «Gemüt».
Im Mittelalter wurde der Begriff «Geist» von der Kirche vereinnahmt,
um damit das lateinische «Spiritus» und das griechische «Pneuma» ins
Deutsche übersetzen zu können. Seitdem hat der Begriff «Geist» eine
metaphysische Färbung erhalten (Heiliger Geist), die er bis heute
nicht ganz verloren hat. «Spiritus» (spirare = atmen) und «Pneuma»

(der Hauch) weisen darauf hin, dass man sich vorstellte, wie Gott seinen Geschöpfen Leben einhauchte – der Atem als Symbol der Lebendigkeit. Kurz und gut: Wer Kunden beGEISTert, haucht diesen ebenso wie sich selbst Geist im Sinne von *Lebendigkeit, Aufregung* und *Freude* ein. Begeisterung ist die Kunst, sich selbst und andere auf einem emotional hohen Niveau zu beteiligen. Kunden, die Sie begeistert haben, sind emotional so involviert, dass sie auch weiterhin *nur bei Ihnen* kaufen wollen – sie werden zu wahren Fans!

«Begeisterung überzeugt und Überzeugung verkauft.»

(Norman Vincent Peale)

Die Begeisterungsstrategie

Die Kundenbegeisterungsstrategie ist mehr als nur «Service» – sie ist *ganzheitlich.* Was heißt das? Der Kunde sieht ein Unternehmen immer als Einheit: Er macht keinen Unterschied zwischen dem Geschäftsführer, dem Verkäufer, der Sachbearbeiterin und dem Hausmeister. Deshalb nützt es nichts, wenn der Verkäufer im unmittelbaren Kundenkontakt zwar freundlich und serviceorientiert auftritt, die Telefonistin bei Rückfragen des Kunden aber beispielsweise schlecht informiert ist, oder der Fahrer, der die Ware schließlich ausliefert, zu spät kommt. Solche «Patzer» in der Leistungskette nimmt der Kunde sofort wahr und überträgt sie auf das *gesamte* Unternehmen, weil er nicht zwischen verschiedenen Personen unterscheidet. Das bedeutet:

 **Kundenbegeisterung ist immer auch Mitarbeiterbegeisterung. Denn nur wenn alle im Unternehmen am selben Strang ziehen, gelingt der einheitlich positive Auftritt nach außen. Nur wenn alle Mitarbeiter und Führungskräfte begeistert und vom Dienst am Kunden inspiriert sind, gelingt es, eine Strategie zu entwickeln und mit Konsequenz zu leben.**

Kundenbegeisterung im Unternehmen zu praktizieren heißt, den Kunden mit seinen Wünschen und Bedürfnissen absolut in den Mittelpunkt zu stellen. Daher müssen alle Mitarbeiter im Unternehmen – die gesamte Prozesskette der Leistungserstellung – für eine kundenorientierte Einstellung gewonnen werden, und zwar auch diejenigen, die keinen unmittelbaren Kundenkontakt haben. In diesem Falle haben die Betreffenden «interne» Kunden, und das sind ihre Kollegen, denen sie zuarbeiten.

Die Kundenbegeisterungsstrategie ist nicht etwas, das Sie einfach nur als Fertigprodukt aus dem Regal zu ziehen brauchen, denn dann wäre sie wieder nur eine Kopie und kein Original. Andererseits ist sie aber auch nichts, dass man «gelegentlich» praktiziert und dann – wie die Frühjahrs- oder Herbstaktion – als abgeschlossenes Projekt ad acta legt. Vielmehr muss die Strategie zuerst im Unternehmen gemeinsam mit den Mitarbeitern entwickelt, anschließend implementiert und dann konsequent gelebt sowie als Prozess immer weiter fortgeführt werden.

Im Mittelpunkt steht dabei das TUN. Tun bedeutet: **T**rägheit **U**nentwegt **N**egieren, **T**ag **U**nd **N**acht sowie, rückwärts gelesen, **N**icht **U**nnötig **T**rödeln. Denn Kundenbegeisterung als Prozess zu begreifen, bei dem kontinuierlich alle Mitarbeiter auf allen Ebenen mitmachen, setzt ein hohes Engagement voraus. Jeder muss sich verantwortlich fühlen für Kundenbegeisterung in seinem unmittelbaren Arbeitsfeld.

Viele Führungskräfte sind heute zu Seminar-Junkies geworden – immer auf der Suche nach dem ultimativen Kick, dem letzten Management-Schrei, der neuesten Motivationsspritze fahnden sie nach neuen Ideen und Ansätzen, die das Geschäft nach vorne bringen und sie selbst aufpowern könnten. Direkt nach dem Seminar ist die Begeisterung zunächst groß: Alle Mitarbeiter werden angespitzt, jetzt sofort dieses und jenes zu ändern, Neues einzuführen, Prozesse umzukrempeln. Doch Mitarbeiter lassen sich nicht beirren – sie kennen die Symptome, reagieren mit Gelassenheit und lassen sich nicht aus ihrem alten Konzept bringen: «Lass den Chef mal reden! Der kommt gerade von einem Seminar. Das legt sich wieder.» Schon bald ist die Begeisterung verflogen, und man wird vom Alltag eingeholt.

Das ist nicht die Art von Begeisterung, die ich hier in diesem

Buch meine! Denn letztlich sind es nur Strohfeuer, die schnell erlöschen. Eine Begeisterung über den ständigen Besuch unterschiedlichster Seminare aufrechtzuerhalten, funktioniert nicht. Ganz- und Mehrtagesseminare bringen meiner Erfahrung auch darum oft nichts oder nur wenig, weil sie den Versuch darstellen, eine Blumenvase mit einem Feuerwehrschlauch zu füllen. Es wird so viel Neues vermittelt, dass die Teilnehmer dies in der kurzen Zeit gar nicht aufnehmen, geschweige denn umsetzen können und das Meiste ungenutzt vorbeiläuft. Die Folge ist, dass sich zwar das Wissen durch den Seminarbesuch vermehrt hat, es aber an der Umsetzung hapert. Man läuft im Mehr auf der Wissenssandbank auf, ohne das Ufer der Anwendung zu erreichen. Wir haben heute vielfach in den Unternehmen die Schwierigkeit, dass wir einerseits zu Wissensriesen, andererseits zu Umsetzungszwergen geworden sind: Wir wissen genau, welche Dinge und Prozesse sich im Unternehmen verbessern ließen, tun es aber nicht, weil wir in alten Routinen und Verhaltensmustern feststecken.

Es gibt heute sehr viele theoretische Tools in den Unternehmen: Prozessbeschreibungen, Checklisten, Formulare, Anweisungen, Handbücher, Spielregeln, Leitbilder usw.; man versinkt in einer Bürokratiewüste und im Vorschriftensumpf. Auf der anderen Seite wird ein Großteil dieser Tools in der Praxis gar nicht angewandt. Meiner Schätzung nach stehen 80 Prozent theoretisches Wissen und Tools 20 Prozent Praxis und Anwendung gegenüber. Viele Dinge sind längst vorhanden und brauchen nicht neu erarbeitet oder über noch mehr Seminare vervollständigt zu werden; manche Dinge sind auch gänzlich überflüssig. Denn es kommt nicht darauf an, alles schriftlich zu regeln, sondern es kommt auf den GEIST im Unternehmen an! Mit der richtigen inneren Einstellung regelt sich vieles von alleine.

Begeisterung ist nur dann echt und wird nur dann gelebt, wenn sie von Herzen kommt – wenn es wirklich ein ehrliches Anliegen aller Mitarbeiter im Unternehmen ist, sich für die Kunden zu engagieren und dafür verantwortlich zu fühlen. Und dieses Engagement erfordert weder dauerndes Powern noch den Besuch vieler Seminare, sondern die richtige innere Einstellung sowie konsequentes TUN, tägliche Praxis und wohldosierte Übung.

> «Begeisterung muss, um wirksam zu sein, ein Ziel haben; sie muss auf die Erreichung eines bestimmten Zwecks, auf bestimmte Absichten ausgerichtet sein. Lediglich unbestimmt, ganz allgemein begeistert zu sein, kann nicht jene tiefe Wirkung hervorbringen, die Wünsche Wirklichkeit werden lässt.»
>
> *(Norman Vincent Peale)*

Eine Kundenbegeisterungsstrategie muss jedes Unternehmen individuell für sich selbst entwickeln, denn jedes Unternehmen und jeder Mitarbeiter ist *anders* und hat unterschiedliche Stärken. Die jeweilige Individualität des Unternehmens wie auch der Einzelnen – das Stärkenprofil – sollte ein wesentlicher Bestandteil der Strategie sein. *Denn engagiert und begeistert können wir nur dort sein, wo wir unsere Stärken ausleben können!* Schwächen ausgleichen oder tagtäglich

Dinge tun zu müssen, die weitab von den eigenen Fähigkeiten und den persönlichen Stärken liegen, wirkt lähmend, frustrierend und ruft oft auch Unsicherheit und Angst hervor. Diese negativen Gefühle bei den Mitarbeitern spüren natürlich auch die Kunden, die das Unternehmen ja *ganzheitlich* wahrnehmen – und sie sind alles andere als begeistert oder zufrieden, sondern hochgradig wechselwillig.

 **Während sich Produkte und manche Dienstleistungen wie ein Ei dem anderen gleichen, tun es Menschen nicht. Produkte sind kopierbar, Menschen sind es nicht. Daher lässt sich über das Stärkenprofil der Mitarbeiter im Unternehmen – ihrer ganz persönlichen Art im Umgang mit Kunden zum Beispiel – eine Strategie aufbauen, die Kunden begeistert.**

Eine individuelle Begeisterungsstrategie für Ihr Unternehmen zu entwickeln, verlangt *Mut* – Mut, zu den eigenen Fähigkeiten zu stehen, Mut, Altes über Bord zu werfen, die Komfortzone zu verlassen und mit ungewöhnlichen Ideen und Aktionen nach vorne zu gehen, auch Mut, damit vielleicht bei einigen Kunden mal anzuecken, die sich mit einer ungewöhnlichen Aktion nicht gleich anfreunden können. Das Gegenteil von Mut ist Anpassung – und die führt geradewegs in die Falle der Austauschbarkeit mit der Konkurrenz.

Das Stärkenprofil des Unternehmens (vgl. dazu auch Kapitel 14) bildet den «roten Faden» der Begeisterungsstrategie. Er verhindert, dass man sich in Spinnereien und Wolkenkuckucksheimen verliert, also in einer Vielzahl von Ideen und Ansätzen verzettelt, die zwar auf den ersten Blick originell sein mögen, aber nicht zum Unternehmen und den Mitarbeitern passen. Der rote Faden ist auch etwas Verbindendes, das die Mitarbeiter zusammenschweißt. Wir brauchen in den Unternehmen dringend etwas Gemeinsames: Wir haben heute alle unterschiedliche Werdegänge, kommen aus unterschiedlichen Landesteilen, manchmal auch aus unterschiedlichen Kulturen, haben ganz unterschiedliche Ansichten und Differenzen darüber, wie bestimmte Dinge zu tun oder nicht zu tun sind. Aus der Gemeinsamkeit einer Strategie, für die sich alle begeistern, erwachsen Vertrauen und Achtung. Das hilft, Differenzen zu überwinden und bei aller Unterschiedlichkeit zusammen etwas zu erreichen, weil gemeinsame Träume und Visionen gelebt werden.

«Erfolgreiche Organisationen haben eines gemeinsam: Sie konzentrieren sich in erster Linie auf ihre Kunden. Dabei ist es unwichtig, ob es sich um ein großes Unternehmen handelt, um eine Arztpraxis, eine Anwaltskanzlei, ein Krankenhaus oder eine Behörde. Erfolg haben die – und nur die –, die sich das Wohl ihrer Kunden zur wichtigsten Aufgabe gemacht haben.»

(Kenneth Blanchard / Sheldon Bowles)

Das team baucenter Kiel – ein buntes Ei im Baustoffhandel

Die team AG hat ihren genossenschaftlichen Ursprung im Warenhandel der heutigen Volks- und Raiffeisenbank Flensburg-Schleswig eG. Zum weit verzweigten ländlichen Handel gehörte dabei in früheren Zeiten der Verkauf von Mineralöl und Baustoffen ebenso wie der Abschluss von Versicherungen. Nach fast hundertjähriger genossenschaftlicher Verbindung mit der VR Bank wurde 1999 das Warengeschäft vom Bankgeschäft getrennt und wird seitdem als eigene Aktiengesellschaft, als team AG, geführt. Zur team-Gruppe gehört neben team-autohof, -hallenbau und -mineralöle auch das team baucenter mit mehreren Niederlassungen im norddeutschen Raum, darunter in Kiel.

Als Baustofffachhandel steht das team baucenter Kiel in Konkurrenz nicht nur zu anderen Baustoffbetrieben, sondern vor allem auch zu den zahlreichen Baumärkten. Allein in Kiel gab es 1999 sechs Baustoffhändler und 22 Baumärkte; insbesondere die Baustoffhändler, die im Gegensatz zu den Baumärkten nicht nur private Endverbraucher (Eigenheimbauer), sondern professionelle Bauunternehmer bedienen, haben mit einem rückläufigen Markt zu kämpfen, der bereits zu etlichen Insolvenzen geführt hat. Genau auf diese Situation traf das team baucenter Kiel 1999, als die rechtliche Trennung vom Bankgeschäft vollzogen war.

«Wie können wir unsere Kunden begeistern und langfristig gewinnen?», so lautete daher die entscheidende Frage, die sich Detlef Jahnke, Baucenterleiter in Kiel, zusammen mit seinen Mitarbeitern stellte. Als ersten dringenden Engpass erkannte man im Unternehmen, dass Kunden sich oft die Anwendungsmöglichkeiten der unzähligen Baumaterialien und -elemente, die für die Errichtung von Gebäuden notwendig sind, nur schlecht vorstellen können und sich dementsprechend bei der Auswahl der richtigen Produkte manchmal schwertun. Deshalb entschloss man sich zu einem ungewöhnlichen Schritt: «Wir errichteten auf einer riesigen Freifläche eine Dauerausstellung, in der alle Bauelemente und -stoffe so hineingebaut und präsentiert werden, dass der Kunde durch Anschauen unmittelbar begreift, wofür sie verwendet werden und notwendig sind», erläutert Jahnke und fügt hinzu: «Es bedurfte einer gehörigen Portion Mutes, um in einen rückläufigen Markt 1,2 Millionen Euro in diese Ausstellung zu investieren.» Ein Schritt, der sich lohnte: Bis heute hat das Baucenter in Kiel mit seiner Ausstellung ein *Alleinstellungsmerkmal* in der Region, das es von anderen Baustoffhändlern deutlich unterscheidet.

Nach dem offenkundigen Erfolg der Ausstellung, die gerne besucht und vor allem für die Kundenberatung bei der Auswahl der richtigen Bauelemente täglich eingesetzt wird, engagierte man sich, um sich konsequent in ein buntes Ei zu verwandeln. «Wir wollten unsere Kunden noch besser ansprechen», so Jahnke. «Zunächst fragten wir uns, wie viel uns ein Kunde wert ist. Wir rechneten aus, dass ein Privatkunde uns im Durchschnitt ein Auftragsvolumen von rund 60.000 Euro, ein Unternehmerkunde sogar 10 Millionen Euro im Laufe seines Lebens beschert! Als wir uns das vor Augen führten, veränderte sich unsere Einstellung zu unseren Kunden grundlegend: Wir sahen nun nicht mehr den Mann, der in dreckigen Bauklamotten bei uns in den Laden schlurft, sondern wir sahen vor unserem geistigen Auge einen Menschen in Anzug und Krawatte, der uns einen Attaché-Koffer, randvoll gefüllt mit Geld, auf den Tresen legt.»

Um herauszufinden, wie sich die Kunden begeistern lassen,

buchte das team baucenter besondere Seminare für die Mitarbeiter. Dabei wurde das ganze Unternehmen konsequent *aus Kundensicht* betrachtet. «Alles, was störend oder verkaufserschwerend wirkte, wurde neu gestaltet, und zwar aktiv von unseren eigenen Mitarbeitern», erklärt Jahnke. Unter anderem wurden folgende Engpässe der Kunden erkannt und beseitigt:

- Ein zentrales Problem für Kunden, die bauen, ist der Faktor Zeit. Oft lässt sich nicht genau kalkulieren, wann bestimmte Baustoffe benötigt werden: Es kann ein paar Tage früher oder ein paar Wochen später sein als ursprünglich geplant. Daher liefert das Baucenter grundsätzlich die Waren *just in time* an, das heißt, der Kunde kann den Tag der Anlieferung selbst bestimmen, anstatt dass ihm, wie sonst im Baustoffhandel üblich, die Lieferzeit vorgeschrieben wird. Die früher regelorientierte Anlieferungszeit wurde in eine kundenorientierte umgewandelt.

- Eine weitere Schwierigkeit beim Bauen sind die ständigen unvorgesehenen Verteuerungen. Nicht selten verteuern sich Bauten durch Preiserhöhungen während der Bauzeit um einen fünf- bis sechsstelligen Betrag. Daher sichert das team baucenter seinen Kunden feststehende Preise für die gesamte Bauzeit – länger als ein Jahr – zu. Sollte es während dieser Periode zu Preiserhöhungen kommen, so gehen sie zu Lasten des Baucenters, aber nicht zu Lasten der Kunden.

- Pfusch am Bau ist immer wieder ein heikles Thema. Das team baucenter bietet daher den Kunden Komplettlösungen an. Auf die Produkte selbst wird zwei Jahre Garantie gegeben; entschließt sich der Kunde, das Baucenter zugleich mit dem Einbau der Bauelemente zu beauftragen, so erhöht sich die Garantiezeit auf volle fünf Jahre.

- Bei Reklamationen wird mit Kunden nicht über richtig oder falsch diskutiert, sondern es wird verbessert oder ausgetauscht, wonach der Kunde verlangt, und zwar ohne Wenn und Aber – selbst wenn es Geld kostet. Die Mitarbeiter sind berechtigt, Reklamationen eigenständig abzuwickeln, ohne Rücksprachen mit der Geschäftsleitung halten zu müssen.

- Kunden erleben es als unangenehm, in ein und demselben Unternehmen immer wieder wechselnde Ansprechpartner zu haben, von denen dann keiner wirklich den Gesamtüberblick über das Bauprojekt hat, jeder nur einen kleinen Teilausschnitt kennt und es dementsprechend zu Schnittstellenproblemen und fehlerhaften Absprachen kommt. Deshalb bekommt im team baucenter jeder Kunde einen festen Ansprechpartner für die gesamte Bauzeit, der bei allen Fragen immer zur Verfügung steht und das ganze Projekt im Auge behält.

Mit diesen Maßnahmen rückte das Unternehmen näher an den Kunden und verkaufte einen zusätzlichen Nutzen. Man ging noch einen Schritt weiter: In den Verkaufsräumen wurden alle Arbeitsplätze konsequent zum Kunden hin ausgerichtet. Kommt ein Kunde ins Geschäft, so fühlt er sich sogleich wohl und spürt, dass er willkommen ist. Niemand dreht ihm den Rücken zu oder ist so beschäftigt, dass er ihn nicht wahrnimmt.

Die Kundenbegeisterung mit ihren vielen Faktoren aktiv zu leben, täglich umzusetzen und sich immer weiter zu verbessern, trainieren die Mitarbeiter seit 2004 – und lassen sich dabei immer neue Begeisterungsfaktoren einfallen. «Die Bereitschaft der Mitarbeiter, dies auch außerhalb der normalen Arbeitszeit zu tun, ist sensationell hoch», so Jahnke. Zum Beispiel haben die Kollegen mittlerweile ein System von kleinen Gesten bzw. eine Zeichensprache entwickelt, um sich im Geschäft gegenseitig darauf aufmerksam zu machen, wenn die Kommunikation mit Kunden gerade mal nicht so optimal läuft. Verschränkt einer kurze Zeit in Gegenwart eines Kollegen die Arme, so heißt dies: «Hände im Kundengespräch aus den Hosentaschen nehmen», und ein erhobener Zeigefinger mit Daumen bedeutet: «Bitte lächeln».

Woran erkennt das team baucenter, dass die Kunden wirklich begeistert sind? «Zum einen an den Umsatz- und Ertragszuwächsen in den letzten Jahren und zum anderen an den vielen kleinen sympathischen Erlebnissen im Kundenkontakt», sagt Detlef Jahnke. «Einmal kam ein Ehepaar an einem Samstag zu uns ins Geschäft. Es war sehr viel los an jenem Tag, so dass sich bereits eine lange Warteschlange gebildet hatte. Daher ging unsere Auszubildende Lilya auf das Ehepaar zu und sagte: ‹Entschuldigen Sie bitte, es dauert heute etwas länger. Darf ich Ihnen einen Kaffee oder Tee bringen?› Das Ehepaar war von der ungewohnt freundlichen Ansprache so beeindruckt, dass es seine Tochter, die kurze Zeit später zur Welt kam, mit Zweitnamen Lilia nannte.»

Gelebte Kundenbegeisterung von der Auszubildenden bis zum Chef – das wirkt ansteckend! Mittlerweile arbeiten fünf weitere team baucenter in Niedersachsen und Schleswig-Holstein ebenfalls daran, den Faszinationsgrad ihres Unternehmens zu erhöhen und eine Begeisterungsstrategie zu entwickeln.

3. Ausrüstung für die Reise zur Kundenbegeisterung

Die Sümpfe der Trägheit überwinden – Energiefresser beseitigen

Viele Unternehmen haben heute zu viele Baustellen gleichzeitig: Da werden Dutzende von Projekten initiiert, aber oft zu keinem befriedigenden Abschluss gebracht. Nach anfänglicher Euphorie versanden die Projekte oder verlieren sich in Meinungsverschiedenheiten und gegenseitigen Schuldzuweisungen. Außerdem gibt es Verfahrensanweisungen, Handbücher, Prozessbeschreibungen und einen ganzen Haufen weiterer überflüssiger Bürokratie in den Unternehmen, der Arbeitszeit und Aufmerksamkeit frisst und den Blick gefangen hält. Eine Untersuchung zeigt: In den Verwaltungen deutscher Unternehmen wird Arbeitskraft mit 33 Prozent in einem geradezu skandalösen Ausmaß verschwendet, und dies geht vor allem zu Lasten der Kundenorientierung. Unnötige Korrekturen falsch oder unvollständig ausgefüllter Formulare, ineffektiver Umgang mit der EDV, doppelte Bearbeitungen aufgrund unklarer Zuständigkeiten, Warten auf dringende Berichte, Zeitverluste an den Schnittstellen, stark schwankende Durchlaufzeiten und unzuverlässige Lieferungen sind an der Tagesordnung. Viel Bürokratie könnte man sich schenken, wenn in den Unternehmen das Vertrauen in die Mitarbeiter größer wäre.

Zusätzlich zu den beruflichen Baustellen kommen noch all die privaten Baustellen hinzu, mit denen jeder beschäftigt ist: Da gibt es unerledigte Konflikte zwischen Familienmitgliedern, Hilfeleistungen, die man Verwandten oder Freunden versprochen, aber noch nicht erbracht hat, Streitigkeiten um Geld, Schulprobleme der Kinder undsoweiter. Das familiäre Umfeld kann ein großes Kraftfeld sein, wenn es intakt ist; es kann ebenso ein enormer Energiefresser sein, wenn es dort massive Spannungen gibt, besonders in der Partnerschaft.

Wer privat oder im Unternehmen -zig unerledigte Dinge mit sich herumträgt, hat keinen Antrieb und keine Energie mehr, sich für Kundenbegeisterung zu engagieren! Man kann keine Begeisterung entwickeln, wenn man sich müde, lahm und ausgepowert fühlt und der Blick von unendlich langen To-Do-Listen verstellt ist.

Mein Tipp: Schreiben Sie alle unerledigten Dinge auf, die Sie gegenwärtig mit sich herumtragen – *wirklich alle!* Private genauso wie berufliche: von «Zaun bei der Oma streichen», über «Garage aufräumen» bis zum «Zahnarztbesuch für die Wurzelbehandlung»; von «Ablage im Büro erledigen», über «klärendes Gespräch mit dem Kollegen XY führen» bis zu «neu gekaufte Software auf dem PC installieren». Schreiben Sie wirklich *alles* auf! Je mehr Sie aufschreiben, desto besser. Sie werden merken, dass Sie sich schon bald erleichtert fühlen. Und wundern Sie sich nicht, wenn Ihre Liste kein Ende zu nehmen scheint. Ich erlebe es immer wieder, dass auf diese Weise hundert oder mehr unerledigte Punkte bei einem einzelnen Menschen zusammenkommen. Es scheint heute üblich zu sein, dass wir ständig im Stau auf irgendwelchen Baustellen feststecken – nicht nur auf der Autobahn, sondern auch im «richtigen» Leben.

Das Reinigende ist das Aufschreiben: Es entlastet die Seele, weil man nun nichts mehr zu verdrängen und wegzuschieben braucht, sondern endlich einmal hinsieht. All die unerledigten Dinge sind *Energiefresser.* Man kann sich das so vorstellen, als ob man in einem Teich schwimmt und die unerledigten Dinge wie Bälle sind, die man versucht, ständig unter Wasser zu drücken. Je mehr Bälle wir versuchen, unter Wasser zu halten, desto anstrengender wird es. Immer wieder gleiten die Bälle aus den Händen und rutschen unbemerkt an die Wasseroberfläche. Das führt dann manchmal dazu, dass man schon bei kleinen Miniproblemen sofort in die Luft geht. Auch Krankheitssymptome können durch Unerledigtes entstehen: Burnout, Grübelzwänge und die beliebte Aussteigerkrise werden dadurch verursacht, ganz zu schweigen von Unentschlossenheit, Ärger, Wut, Zukunftsangst, Mutlosigkeit usw. Es sind immer die unerledigten Dinge, die uns Energie rauben, niemals die erledigten. Was erledigt und abgeschlossen ist, führt sogleich zu einem Energiezuwachs.

Haben Sie alles aufgeschrieben? Dann gehen Sie jetzt Ihre Liste Punkt für Punkt durch: Was können Sie einfach ersatzlos streichen, weil es ohnehin nicht wichtig ist. Schließen Sie zugleich mit dem Streichen des Punktes diesen auch innerlich ab: Begraben Sie das Projekt endgültig, ohne ihm jemals wieder Aufmerksamkeit zu schenken. Was können Sie, um sich zu entlasten, an andere *delegieren?* Gibt es Freunde, Bekannte, Kollegen, Kinder, die die jeweilige Aufgabe gerne übernehmen würden, vielleicht gegen einen kleinen Obolus?

Zuletzt sind die dicken Brocken dran – diejenigen Aufgaben, die Sie nicht delegieren und nicht einfach unter den Teppich kehren können. Zum Beispiel eine dringende Aufgabe im Betrieb, die das Fortbestehen sichert, oder das Bereinigen eines Konflikts zu einem Mitmenschen. Zwischenmenschliche Spannungen sind die schlimmsten Energiefresser! Für die dicken Brocken sollten Sie sich ausreichend Zeit nehmen, ohne sie noch weiter vor sich herzuschieben; «Aufschieberitis» führt nicht zum Ziel. Auch hier gilt wieder: Entscheidend ist das TUN – Trägheit Unentwegt Negieren und dabei Nicht Unnötig Trödeln. *Bevor Sie nicht alle unerledigten Dinge getan haben, sind Sie innerlich nicht frei, um sich für Kundenbegeisterung zu engagieren!*

> «Gott gebe mir die Gelassenheit, Dinge hinzunehmen,
> die ich nicht ändern kann, den Mut, Dinge zu ändern, die ich
> ändern kann, und die Weisheit, das eine vom anderen zu
> unterscheiden.» *(Gelassenheitsgebet)*

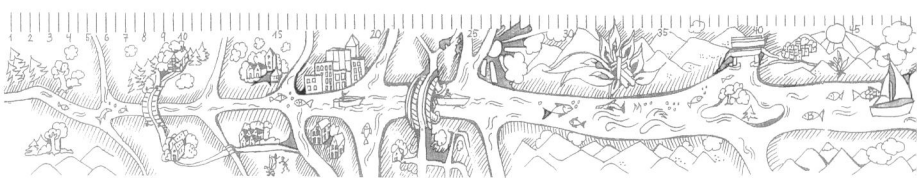

44

Wenn Sie alle Begeisterungsbremsen gelöst haben, können Sie in aller Seelenruhe die Marterberge verlassen. Jetzt sind Sie Im-Fluss, genauer gesagt: im *Lebensfluss*. Denken Sie darüber nach, wann Sie das letzte Mal in Ihrem Leben wirklich begeistert waren. Schauen Sie auf die unten stehende Abbildung des Lebensflusses, und erinnern Sie sich daran, wann Sie dieses Gefühl erlebt haben. War es z.B. bei Ihrer Hochzeit, bei der Geburt eines Kindes oder als Sie einen großen Auftrag von einem renommierten Kunden bekommen haben? Schreiben Sie die fünf schönsten Begeisterungsmomente Ihres Lebens auf, damit Sie dieses Gefühl in Zukunft immer wieder in sich wachrufen können. Wenn Sie auf den Lebensfluss schauen, dann sehen Sie: Das Leben ist zu kurz für ein langes Gesicht!

Wir haben gesehen: Begeisterung beginnt mit den kleinen Dingen des Lebens, nicht mit den großen. Startpunkt ist nicht das Verfassen eines 40-seitigen Business-Papers, sondern das Kehren vor der eigenen Haustür! Zuerst wird man zum Weltmeister in Kleinigkeiten, dann erst zum großen Begeisterungsstrategen.

Die innere Einstellung bewusst wählen

Grundelemente der Begeisterung sind: der feste Wille, ein Ziel zu erreichen, und die richtige innere Einstellung. Es ist wichtig, jeden Morgen von Neuem die eigene Einstellung zu wählen: Wie will ich diesen Tag erleben? Mit Freude und Spaß – oder missmutig und gelangweilt? Man kann immer aus zwei verschiedenen Richtungen an einen neuen Tag herangehen, von der Sorge oder von der Begeisterung her – wir haben immer die Wahl. Wenn wir die Begeisterung wählen, dann sind wir erfüllt von ihr.

> «Jeder Mensch ist zuzeiten begeistert. Beim einen dauert die Begeisterung 30 Minuten, beim anderen 30 Tage – Erfolg aber wird derjenige haben, der 30 Jahre lang begeistert ist.»
>
> *(Norman Vincent Peale)*

Vielleicht erscheint es Ihnen schwierig, «auf Anhieb» begeistert in den neuen Tag zu starten. Dafür gibt es einen kleinen Trick, der fast immer hilft: die *Tu-so-als-ob-Methode*. Sie sind zwar nicht begeistert, aber Sie tun einfach so, als ob Sie es wären: Was würden Sie heute tun, wenn Sie begeistert wären? Wie würden Sie sich verhalten, wie mit Ihren Mitmenschen, Kollegen und Kunden umgehen? Wie würden Sie es anpacken?

Möglicherweise erscheint es Ihnen merkwürdig, nur so zu tun als ob und damit etwas «vorzutäuschen», das gar nicht der Fall ist. Und doch wenden wir alle jeden Tag diese Methode so selbstverständlich an, dass es uns gar nicht mehr bewusst ist, und zwar immer dann, wenn wir schlafen wollen. Wir legen uns ins Bett, rollen uns gemütlich auf die Seite und schließen die Augen – mit anderen Worten: Wir *tun so, als ob* wir schon schliefen, auch wenn wir noch gar nicht eingeschlafen sind. Innerhalb weniger Minuten schlafen wir dann tatsächlich ein. Die Als-ob-Methode ist sogar die einzige Möglichkeit, überhaupt einzuschlafen! Oder können Sie einschlafen, wenn Sie durch die Wohnung laufen, am Schreibtisch sitzen oder gerade eine Mahlzeit zu sich nehmen? So zu tun, als ob man begeistert wäre und diesen Zustand eine Weile aufrechtzuerhalten, führt so gut wie immer dazu, dass die Begeisterung zur Realität wird.

> «Wir müssen uns so geben, wie wir sein möchten. Dann werden wir so werden, wie wir uns geben.» *(Norman Vincent Peale)*

Schauspieler kennen diese bewusste Wahl der inneren Einstellung und nennen das «On-Sein». Sie wissen genau: Solange sie hinter der Bühne sind, können sie meckern, muffeln und auf den Tisch hauen – doch sobald der Vorhang aufgeht, ist das vorbei und sie sind «on». Sie stehen «unter Strom» wie ein elektrisches Gerät, das man eingeschaltet hat. Es zeichnet professionelle Schauspieler aus, das sie zwischen der On- und der Off-Einstellung innerhalb von Sekunden hin- und herwechseln können. Der Clown Grock macht es deutlich: Seine Zuschauer sind seine Kunden, und er hat eine klare Einstellung zu ihnen.

«Liebe, liebe Zuschauer,
ich danke euch, dass Ihr heute Abend den Weg in dieses Haus gefunden habt. Jedem Einzelnen von Euch habe ich es zu verdanken, dass ich heute Abend in Lohn und Brot stehe und all mein Können entfalten kann. Ohne euch wäre alles, was ich kann, wertlos. Weil es niemanden gäbe, für den ich es aufführen könnte. Ich verehre Euch und arbeite um Eure Gunst. Und deshalb werde ich auch heute Abend wieder mein Bestes geben. Denn ihr habt es Euch verdient, da Ihr mir Gelegenheit zu dieser wundervollen Arbeit gebt.» (Clown Grock)

Begeisterung fällt nicht vom Himmel. Sie kommt nicht automatisch und ist nicht die Folge eines bestimmten Tuns, sondern dessen Ursache. Wer Begeisterung leben will, muss sie als innere Einstellung bewusst wählen – gegebenenfalls mit dem Trick, erst einmal nur so zu tun, als ob er begeistert wäre, bis sich die Begeisterung tatsächlich einstellt.

Visionen und Leitbilder

«Wir sind das führende Unternehmen der XY-Branche. Unsere Mitarbeiter suchen nach ständigen Verbesserungen unserer Produkte. Unsere Umsatzzahlen liegen über dem Durchschnitt. Unsere Werte sind Fairness, Freundlichkeit und Verantwortung....»

Kennen Sie diese Art von Texten? Möglicherweise hängt über Ihrem Schreibtisch auch so einer! Es soll Chefs geben, die am Wochenende solche Visionen und Leitbilder – besser gesagt: Leidbilder – aus einem Management-Handbuch abschreiben, sie am Montagmorgen auf den Kopierer werfen und dann eben schnell ein paar dutzendmal im Unternehmen verteilen lassen. Schließlich will man ja die Mitarbeiter an den neuen bahnbrechenden, «eigenen» Ideen teilhaben lassen …

VIEL LEID MIT DEM LEITBILD

Hand aufs Herz: Wenn Sie Ihre Vision anschauen – sofern Sie eine haben –, lebt sie oder ist sie nichts weiter als ein Stück beschriebenes Papier? Wann haben Sie sie zum letzten Mal angeguckt und sich mit ihrem Inhalt beschäftigt? Fragen Sie einmal Ihre Mitarbeiter, wer die Vision sinngemäß kennt. Wird sie in Ihrem Unternehmen gelebt?

Es sind diese gleichen, nichtssagenden und austauschbaren Texte, die in Unternehmen irgendwo und irgendwie herumhängen und die nichts bei niemandem bewirken. Vor allem keine Begeisterung! Denn Papier ist ja sooo geduldig. Und gegen den Inhalt wird dann bei genauerem Hinsehen auch oft noch permanent verstoßen: Statt der im Leitbild zugesagten Freundlichkeit ist man muffelig, statt der schriftlich fixierten Zuverlässigkeit lässt man die Kunden auf Lieferungen warten. In den meisten Visionen dominieren außerdem egozentrierte Wörter wie «wir» und «unser». Sogar die allerwichtigste Person – der Kunde – kommt oft nicht darin vor, wenn Unternehmen nur um die eigene Achse kreisen. *Der Kunde muss immer Bestandteil der Vision sein.* Denn der gesamte Betrieb ist um des Kunden willen und nicht um seiner selbst willen da.

Wenn Sie für Ihr Unternehmen eine Vision entwerfen, dann muss sie folgende Voraussetzungen erfüllen:

- Sie wird von allen Mitarbeitern mitgetragen und daher auch von allen gemeinsam entwickelt.
- Sie ist einzigartig.
- Sie gibt eine Richtung für die Zukunft vor.
- Sie ist einfach und leicht verständlich.
- Sie ist sinnstiftend.
- Sie enthält einen klaren Bezug zu den Kunden.
- Sie wirkt begeisternd.

Wenn Sie sich im Moment noch außerstande sehen, eine von Herzen kommende, echte und auf Ihr Unternehmen zugeschnittene Vision (keine abgekupferte oder kopierte) zu entwickeln, dann lassen Sie es fürs Erste bleiben. Sie werden ganz sicher merken, wenn der richtige Zeitpunkt dafür gekommen ist. Falls Sie es sich zutrauen, eine Vision zu entwickeln, so lassen Sie sich von folgenden Fragen leiten: Was erscheint Ihnen heute völlig unmöglich, für Ihre Kunden zu tun, wäre aber fantastisch, wenn es gelänge? Wie würde dies Ihr Unternehmen – Sie und Ihre Mitarbeiter eingeschlossen – verändern?

Falls Sie schon eine Vision im Unternehmen haben, die offensichtlich nicht gelebt, weil gar nicht beachtet wird, so ist sie nichts weiter als ein Energiefresser. Möglicherweise liegt nur ein Häufchen Asche darüber, und das kleine Flämmchen der Vision lässt sich wieder zum Leben erwecken und in ein großes Feuer verwandeln. Die Politik der kleinen Schritte in Richtung Kundenbegeisterung ist oft wirkungsvoller als der «große Wurf», der leicht daneben gehen kann, wenn die rechte Basis fehlt.

Gerade wenn Sie mit Kundenbegeisterung starten wollen, ist es wichtig, erst einmal *Quick Wins* – schnelle, kleine Erfolge – zu erzielen, als sich zu viel auf einmal vorzunehmen. Besser ein paar schnelle Brüter als gar keine Eier. Und besser ein kleines Ei legen als zu lange über einem ungelegten Ei gackern! Denken Sie sich ein paar kleine Überraschungen aus, die zu Ihrem Unternehmen passen und mit denen Sie Kunden eine Freude bereiten können. Das wirkt! Sind die

Kunden begeistert, so sind es auch die Mitarbeiter, und ein kleiner Sog entsteht: Man möchte *noch mehr* Freude schenken und *noch mehr* Kunden begeistern, denn Erfolg macht süchtig. Auf diese Weise entwickelt sich langsam eine Spirale wachsender Anziehungskraft und wachsender Begeisterung, die nach und nach weitere Aktionen und Handlungen nach sich zieht. Irgendwann entsteht dann von selbst der Wunsch, eine Vision und ein Leitbild zu entwickeln, um das Tun unter einen verbindenden «Leitstern» zu stellen.

Das Gelbe vom Ei

Beim Einchecken wurden neu ankommende Single-Gäste eines Hotels gefragt: «Dürfen wir Sie zu einem Seitensprung einladen?» Die erstaunten Blicke der Gäste kommentierte die Rezeptionistin mit der freundlichen Überreichung eines alkoholfreien Begrüßungscocktails mit dem Namen «Seitensprung». Ehepaare wurden statt zu einem Seitensprung zu einer «heißen Nacht» eingeladen.

Bei der Abreise fanden die Gäste unter der frisch gereinigten Windschutzscheibe eine rote Karte mit den Worten vor: «Wir, das Team vom Hotel, haben uns erlaubt, für Ihre klare Sicht zu sorgen.»

Kleine wirkungsvolle Aktionen, die Kunden überraschen und verblüffen – und die das Prädikat der 6 A's verdienen: Angenehm Auffallend Anders Als Alle Anderen.

2. Teil

Der Kunde, das unbekannte Neuland

In diesem Teil des Buches erkunden wir das Neuland (siehe Karte Seite 14 f.). Dies ist allerdings so groß, dass es schon mehr ein ganzer Kontinent als ein einzelnes Land ist: der Kunde. Wir befassen uns damit, was Kunden frustriert, und klären auf dem Weg so mancherlei Irrtümer auf. Denn viele Unternehmen glauben von etlichen ihrer wohlgemeinten Maßnahmen, sie würden Kunden begeistern, obwohl sie in Wirklichkeit nur Kundenvergraulungsprogramme sind.

Auf der Reise machen wir Bekanntschaft mit den Haien – mit Geldhaien wie auch mit emotionalen Haien, besuchen höchst seltsame Inseln wie die Myway- und die Sireneninsel und überlegen uns, warum Insellösungen wie missverstandener Service und schlechte Stammkundenbehandlung letztlich nicht weiterführen.

Nachdem wir diese gefährlichen Fahrwasser verlassen haben, machen wir noch einen kurzen Stopp in der verlockenden Stadt Seinschein-City mit ihrer bunten Neonreklame. Sie suggeriert uns: «Marketing ist alles! Du brauchst nur mehr Geld in die Werbung zu stecken, dann klappt's auch mit den Kunden und der Begeisterung». Wir werfen einen kurzen Blick auf diese Stadt, um ihren Verführungen auf der weiteren Reise nicht mehr zu erliegen.

Unterwegs lassen wir uns von bunten Eiern inspirieren und lachen über einige faule und Durchschnittseier.

4. Reif für die Rückzugsinsel – was Kunden frustriert

Achtung, Haie im toten Mehr – der größte Killerfaktor

Auf unserer Reise Richtung Neuland legen wir einen Zwischenstopp in einer kleinen, aber wichtigen Stadt namens Klarheit ein. Klarheit liegt am Zufluss, der geradewegs nach Aufbruch führt. In Klarheit besuchen wir Tante Emma – Sie wissen schon: die liebe gute alte Tante, die früher den kleinen sympathischen Laden gleich um die Ecke hatte. Die kennen Sie doch auch noch, oder? Nun, Tante Emma ist schon seit mehreren Jahren im Ruhestand. Nachdem sie fast 50 Jahre lang ihr Geschäft geführt hat, hat sie mittlerweile schon fast ein biblisches Alter erreicht.

Warum besuchen wir Tante Emma? Sie hilft uns dabei, uns auf alte Werte zu besinnen. Denn um Kundenbegeisterung zu leben, brauchen wir nicht nur Neues, sondern sollten uns auch an Altbekanntes wiedererinnern, das wir früher gelernt haben und das als selbstverständlich galt – zum Beispiel Zuverlässigkeit, Aufrichtigkeit und das Einhalten von Versprechen. Tante Emma steht für alte Werte, wie sich im Gespräch mit ihr zeigt.

Tante Emma erwartet uns bereits, als wir eintreffen. Freude-strahlend begrüßt sie uns und führt uns gleich in die Küche, wo schon ein duftendes Essen in der Pfanne brutzelt. Nachdem wir es uns auf der Couch so richtig gemütlich gemacht haben, plaudern wir von alten Zeiten und davon, warum es heute mit den Kunden nicht mehr so richtig klappt. Dabei kommt Erstaunliches zutage. Tante Emma weiß nicht nur, was Kunden wünschen, sondern sie hat auch im Laufe ihres langen Geschäftslebens viel Weisheit entwickelt. Vieles, was Unternehmen im Umgang mit Kunden heute erst wieder neu entdecken müssen, war Tante Emma ganz selbstverständlich. Darum kann sie uns genau sagen, was heute schief liegt. Gespannt hören wir zu:

«Ja, wissen Sie, zu meiner Zeit war das ja alles ganz anders. Da war man einfach freundlich zu den Kunden, wenn sie in den Laden kamen. Und dann hat man erst mal ein längeres Gespräch geführt und nach der Familie und den Kindern gefragt, bevor es an den Einkauf selbst ging und ich die Waren aus dem Regal geholt habe. Aber heute, da ist Freundlichkeit ja eher die Ausnahme als die Regel.

Erst letzte Woche war ich im Supermarkt, und wissen Sie, was ich da erlebt habe? Die Aktionstische mit den Sonderangeboten waren so chaotisch durchwühlt, dass ich den gesuchten Salzstreuer gar nicht finden konnte. Außerdem stapelten sich auf dem Boden leere Kartons. Dass die Mitarbeiter das nicht gesehen haben, kann doch einfach nicht wahr sein! Als ich eine Mitarbeiterin freundlich fragte, wo ich den Salzstreuer finden könnte, zeigte sie sich ziemlich gleichgültig und hatte beim Sprechen sogar einen Kaugummi im Mund. Sie nuschelte etwas von: ‹Die Salzstreuer sind schon seit einer Stunde ausverkauft.› ‹Wie das?›, fragte ich erstaunt, ‹Es ist doch erst 10 Uhr morgens.› ‹Das war Aktionsware›, sagte sie. ‹Haben Sie den Prospekt nicht gelesen? Steht doch drin: *Nur solange der Vorrat reicht.*› Und dann machte sie auf dem Absatz kehrt. Sie hätte keine Zeit und müsste jetzt Ware einräumen, sagte sie noch im Weggehen. Na, dort kaufe ich bestimmt so schnell nicht wieder ein! Erst werde ich mit einem Sonderangebot durch Prospektwerbung ins Geschäft gelockt, dann stehe ich vor völlig unsortierten und zerwühlten Angebotstischen, auf denen ich nichts finde, und schließlich ist die gesuchte Ware schon am ersten Tag eine Stunde nach Öffnung des Geschäfts vergriffen. Aber am schlimmsten fand ich die Unfreundlichkeit der Verkäuferin! Sie konnte zwar nichts dafür, dass der Artikel schon ausverkauft war, aber hätte sie das nicht ein bisschen freundlicher sagen können? Also diese jungen Leute heutzutage …

Die Mitarbeiter in den Geschäften überschätzen ihre eigene Freundlichkeit: Wenn sich ihre Mundwinkel ein wenig heben, dann denken sie schon, dass sie bis zu beiden Ohren lächeln. Außerdem glaube ich, dass viele Mitarbeiter heute völlig überlastet sind. Die Verkäuferinnen zum Beispiel sind für alles gleichzeitig zuständig: Sie müssen die neue Ware auspacken und einräumen, die von den Kunden durchwühlte Ware wieder sortieren und an den richtigen Platz stellen, das Geschäft sauber halten, kassieren und dann auch noch die Kunden bedienen. Das ist doch keine vernünftige Arbeitsteilung!

Außerdem wird fast überall mit wechselnden Aushilfskräften und 400-Euro-Personal gearbeitet – diese Leute werden kaum eingearbeitet, kennen die Produkte und die Kundenwünsche nur sehr oberflächlich und sind oft auch nicht motiviert. Viele Unternehmen halten sich für besonders schlau, weil sie Personalkosten einsparen. Sie merken aber nicht, dass sie damit die Kunden vergraulen, die die ständig wechselnden und auch noch schlecht informierten Ansprechpartner einfach leid sind. Die Betriebe sehen manchmal gar nicht, was sie da im Umgang mit Kunden anrichten. Was die Unternehmen auf der einen Seite an Mitarbeitern und Personalkosten einsparen, buttern sie auf der anderen Seite an Werbung wieder hinein, weil ihnen ständig die unzufriedenen Kunden weglaufen und sie wieder neue Kunden mit neuen Aktionen gewinnen müssen – das ist doch verschenktes Geld! In meinem Geschäft, da gab es nur mich, die Emma, und meine zwei festangestellten Verkäuferinnen, eine Halbtags- und eine Ganztagskraft. Meine Mitarbeiterinnen waren beide mehr als zehn Jahre bei mir tätig. Sie kannten alle Abläufe, sie kannten die Produkte und konnten sie bei Bedarf erklären, und sie kannten im Laufe der Zeit jeden einzelnen Kunden und dessen Bedürfnisse. So entstanden langfristige Beziehungen – zu den Kunden, zur Arbeit und auch untereinander. Wir hatten einfach viel Spaß miteinander und freuten uns immer wieder auf die Arbeit und die Kunden, die ins Geschäft kamen und von denen wir Neues erfuhren!» Aha, wir haben also von Tante Emma Folgendes gelernt:

Freundlichkeit ist der allererste Schritt und die Grundvoraussetzung für Kundenbegeisterung.

1. **Konstante Ansprechpartner und konstante, klar geregelte Zuständigkeiten für bestimmte Bereiche erleichtern die Arbeit der Mitarbeiter wie auch die Kommunikation mit den Kunden.**

2. Wer auf langfristige Arbeits- und Kundenbeziehungen setzt, hat es als Unternehmen leichter. Ansonsten muss zusätzlich investiert werden, um die Loyalität der Kunden aufrechtzuerhalten.

Klingt das nicht wirklich einfach? Und da soll Kundenbegeisterung schwierig sein? Die Erkenntnisse von Tante Emma spiegeln sich auch in aktuellen wissenschaftlichen Untersuchungen wider.

Gründe, warum Kunden ihre Beziehungen zu Unternehmen endgültig beenden – Ergebnisse einer repräsentativen Umfrage des *dpm-Teams:*
- 38,2 Prozent der Kunden gehen wegen Unfreundlichkeit und mangelnder Höflichkeit der Verkäufer und Berater
- 30,4 Prozent stören sich an Inkompetenz, Unwissenheit oder Unkenntnis des Personals
- 27,4 Prozent ärgern sich über zu lange Wartezeiten am Telefon oder im Geschäft
- 24,6 Prozent beklagen allgemeine Ignoranz und Desinteresse am Kunden
- 11,0 Prozent nehmen deutlich schlechte Laune und Lustlosigkeit des Personals wahr
- 6,7 Prozent stören sich an der arroganten Behandlung

Mit anderen Worten: *Emotionale Kälte* ist der Killerfaktor Nummer eins in der Beziehung zu Kunden. Unfreundlichkeit, Inkompetenz, Wartezeiten, Ignoranz, Muffeligkeit und Arroganz – das sind die Haie, die im toten Mehr lauern und jedem Kunden das Schwimmen verleiden. Verletzte Kunden, die von Haien gebissen wurden, ziehen sich schnell auf die einsame Rückzugsinsel zurück, um ihre Wunden zu heilen.

Kunden schwimmen zugleich im Überfluss und im Rinnsal

Tante Emma erzählt weiter: «Als Kunde ist man ja heutzutage vollkommen überfordert. Man wird mit Waren geradewegs zugeschüttet und hat kaum noch den Durchblick: Wie soll ich mich denn zurechtfinden, wenn ich die Auswahl zwischen 95 Sorten Duschgel, 78 Sorten Joghurt, 35 Sorten Kaffee, 57 Sorten DVD-Rekorder und 124 Sorten Wein habe? Wie soll ich wissen, welcher Kaffee mir besser schmecken könnte, welches Duschgel mir angenehmer riecht und welchen DVD-Rekorder ich leichter bedienen kann? All diese Produkte gleichen sich doch wie ein Ei dem anderen! Die Unternehmen werfen immer mehr Produkte in immer kürzerer Zeit auf den Markt – mit dem Ergebnis, dass die Käufer vollkommen durcheinander sind.»

Das können wir bestätigen. Die Wissenschaft hat dafür sogar mittlerweile einen eigenen Begriff geprägt: *Consumer Confusion* – Käuferverwirrung. Der Kunde schwimmt in einem gigantischen Überfluss, der so weit angeschwollen ist, dass er ständig über die Ufer tritt und alles mit sich fortreißt. Untersuchungen zeigen: In einem Zeitraum von nur 10 Jahren

*   hat sich die Anzahl der Verkaufsartikel bis zu 130 Prozent erhöht,
*   sind die Produktvarianten um bis zu 420 Prozent gestiegen,
*   haben sich gleichzeitig die Produktlebenszyklen um bis zu 80 Prozent verkürzt.

40 Prozent aller neuen Artikel werden bereits nach einer einzigen Saison wieder aus dem Angebot genommen! Die überbordende Produktvielfalt verhindert die Orientierung nicht nur der Käufer, sondern auch der Mitarbeiter in den Unternehmen. Kaum hat man sich an ein Produkt gewöhnt, kaum hat man dessen Anwendungsmöglichkeiten verstanden, ist es schon wieder vom Markt verschwunden. Eine professionelle Kaufberatung ist unter diesen Umständen kaum möglich.

Ach, du dickes Ei!

 Eine bekannte Studie, die sogenannte Konfitüren-Studie, von Sheena Iyengar von der New Yorker Universität Columbia, hat empirisch ermittelt, wie Kunden bei der Auswahl reagieren, wenn sie mit einer zu großen Produktfülle konfrontiert sind. Das Forscherteam hat in einem Supermarkt den Konsumenten einmal 6 und einmal 24 Sorten Konfitüren zur Verkostung angeboten. Bei der kleineren Auswahl sind 40 Prozent der Probanden an den Stand gekommen, um ihn sich genauer anzusehen; bei der größeren Auswahl schauten sich 60 Prozent den Konfitüren-Stand näher an. Aber: Von denen, die sich über die kleinere Auswahl informiert hatten, kauften letztlich 30 Prozent eine Konfitüre, während es nur 3 Prozent Käufer bei der größeren Auswahl waren. In absoluten Zahlen gerechnet: 32 Konsumenten erwarben ein Konfitürenglas aus einer Auswahl von 6 Sorten, aber nur 5 Konsumenten kauften ein Konfitürenglas aus einer Auswahl von 24 Sorten. Das Experiment zeigt, dass Käufer zwar von der größeren Vielfalt stärker angezogen werden, diese jedoch zugleich die Unentschlossenheit erhöht. Echte Begeisterung kommt da offensichtlich nicht auf!

> «Die Produktvielfalt löst zwar meistens eine anfängliche Begeisterung beim Kunden aus, doch sobald sich der Konsument am Regal entscheiden muss, zerstreut sich diese Vorfreude.»
>
> *(Markus Schweizer/Thomas Rudolph)*

«Da kommt man sich als Käufer ja vor wie Buridans Esel», meint Tante Emma. «Zwei Säcke Hafer liegen gut gefüllt in gleicher Entfernung vom Esel entfernt. Im Grunde ist es egal, aus welchem Sack der Esel frisst. Der Esel grübelt hin und her, welcher Sack der bessere sein könnte; vor lauter Grübeln frisst er überhaupt nichts und verhungert schließlich, weil er sich nicht entscheiden kann. Wie viele Käufe werden wohl gar nicht erst getätigt, wie viele Waren bleiben in den Geschäften liegen, nur weil sich die Käufer nicht entscheiden können?»

Da hat Tante Emma Recht, denn im Zustand der Verwirrung befinden sich die Käufer auf der Konfusinsel. Und auf dieser Insel gilt ein spezielles Gesetz, das KonfusReduktionsGesetz (KRG):

- § 1: Um den Überblick zu behalten, wende Vereinfachungsstrategien an.
  - Abs. 1: Kaufe nur das, was du sowieso schon kennst. Alles andere ignoriere (= gewohnheitsmäßiger Kauf).
  - Abs. 2: Statt lange abzuwägen, entscheide spontan, auch auf die Gefahr hin, dass du das Falsche wählst (= selektive Wahrnehmung).
  - Abs. 3: Greife bevorzugt zu bekannten Markenprodukten (= Kompromiss zwischen der optimalen Wahl und dem Wunsch, eine unkomplizierte Entscheidung zu treffen).
- § 2: Ruhe dich aus vom Konsum, wenn du müde bist. Konsumiere gar nichts.
- § 3: Verschiebe den Kauf auf später, um die Entscheidung nochmals zu überdenken.
- § 4: Frag andere, was du nehmen sollst (= Kaufentscheidung delegieren).
- § 5: Sammle mehr Informationen über die Produkte, bevor du dich für den Kauf entscheidest.

Wenn der Käufer genug hat von der Konfusinsel mit ihrem langweiligen, ehernen Gesetz, schwimmt er wieder zurück zu seiner einsamen Rückzugsinsel – nur leider muss er dabei im Toten Mehr wieder an den gefährlichen Haien vorbei …

Das Gelbe vom Ei
Warum sind die Konzepte von Tchibo, Aldi und Ikea seit Jahren so erfolgreich? Weil sie das Einkaufen wesentlich erleichtern: Sie bieten *überschaubare,* reduzierte Sortimente, sind für Käufer *berechenbar* durch dauerhaft stabile Preise und punkten mit einer *übersichtlichen,* konstanten Ladengestaltung, bei der die Waren über Jahre hinweg stets am selben Platz zu finden sind.

Tante Emma lacht herzlich über das KonfusReduktionsGesetz. Davon hat sie noch nichts gehört. «Nein, nein, diese Gesetzesflut heutzutage! Zu meiner Zeit gab es so etwas gar nicht. In meinem Geschäft gab es natürlich auch eine Auswahl bei den Produkten, aber die war wesentlich kleiner als heute. Wir hatten ein paar weniger Artikel als Aldi in unserem Sortiment. Aldi hat ja bekanntlich immer zwischen 600 und 700 Artikeln im Angebot, während andere Lebensmittelgeschäfte inzwischen weit mehr als 10.000 Artikel führen. Ja, ja, der Aldi», meint sie, «der macht es richtig, ist immer noch das Original im Lebensmitteldiscount – oft kopiert und nie erreicht. Und Aldi ist ja ganz früher in den Anfängen auch mal so ein Tante-Emma-Laden wie meiner gewesen.»

Inzwischen hat Tante Emma in der Küche das Essen fertig zubereitet, und wir werden eingeladen mitzuspeisen. Es gibt Bratkartoffeln mit Rühreiern und Schinkenspeck – lecker! Beim Essen unterhalten wir uns weiter. Wir stellen fest, dass die Käuferverwirrung nicht bei den Produkten endet, sondern sich bei den Produktbezeichnungen und -teilen fortsetzt. Zum Beispiel beim Autokauf: Wissen Sie, was ein *Adaptive Cruise Control,* ein *Brake-by-Wire,* ein *Keyless-Go,* ein *Predictive-Safety-System,* ein *Snap-In-Adapter,* eine *Upfront-Sensorik,* ein *Downhill-Speed-Regulation* ist? Wir wussten es jedenfalls nicht und Tante Emma auch nicht. «Ach, dieses neumodische Denglisch», stöhnt sie, «da kann ja nun wirklich keiner mehr mithalten. Sollen wir denn nun noch extra einen Kurs in Fremdsprachen belegen, nur weil wir ein Auto kaufen wollen?»

Wir fragen uns im weiteren Gespräch, was in den Unternehmen vorgeht, die diesen schier unfassbaren Überfluss an Produkten hervorbringen. Was treibt sie an, immer mehr und noch mehr auf den Markt zu werfen? Was denkt man sich dort? «Sie wissen einfach nicht, was die Kunden wirklich wollen – *weil sie sie nie danach gefragt haben*», meint Tante Emma, und wir stimmen ihr zu.

 **Einer der wesentlichen Gründe, warum Unternehmen zu viele Produkte auf den Markt bringen, die keinen Anklang bei den Kunden finden, liegt darin, dass sie den *wirklichen* Bedarf ihrer Kunden nicht kennen. Elementare Voraussetzung dafür, gut verkäufliche und rentable Produkte und Dienstleistungen anzubieten, ist es zu wissen, was Kunden brauchen und wünschen.**

«Ja, das ist doch ganz einfach», meint Tante Emma, «man kann die Kunden doch fragen, was sie haben wollen. Das habe ich früher auch so gemacht. Bevor ich eine größere Menge von einem neuen Produkt bestellt habe, habe ich es erst einmal in einem kleinen Kreis bei einigen meiner Stammkunden getestet. Kam es an, lohnte sich eine Bestellung, fiel es durch, war das Thema für mich erledigt. Da muss man sich doch nicht erst die Regale vollpacken, und nachher bleibt alles liegen!» Recht hat sie, die gute Tante. (Mit Kundenbefragungen und der Erkennung des Kundenbedarfs befassen wir uns in den Kapiteln 6 und 15.)

> «Du musst von deiner Aufgabe gepackt sein, Waren oder Dienste zu verkaufen, die einem Bedürfnis entsprechen.»
>
> *(Norman Vincent Peale)*

«Aber darin liegt ja schon das Problem», so Tante Emma. «Viele Geschäfte haben gar keine rechte Stammkundschaft mehr, sondern nur noch Laufkunden, weil eben so viele Kunden unzufrieden sind und dauernd wechseln. Und weil man sich dann nicht mehr an den Bedürfnissen der Kunden orientieren kann, schielt man danach, was die Konkurrenz tut.

Viele Unternehmen orientieren sich bei der Produktentwicklung daran, was die Wettbewerber tun. Man beschäftigt sich gerne mit Konkurrenzbeobachtung anstatt mit Kundenbeobachtung. Haben die Wettbewerber ein bestimmtes Produkt auf den Markt gebracht, so rufen sie ‹ich auch, ich auch› und bringen sogleich ein ähnliches Produkt mit leichten Abwandlungen auf den Markt. Dies ist besonders dann der Fall, wenn das Originalprodukt erfolgreich ist und man nun auch ein Stück vom Kuchen – vom Markt – abbekommen möchte. Hier regiert der Nachahmerinstinkt, der ja heute vornehm *Benchmarking* genannt wird. Apropos Kuchen», sagt Tante Emma, «zum Nachtisch gibt es süße Eierkuchen.» Gerne greifen wir zu.

Fehlende Kundenorientierung und fehlende Kenntnis des Kundenbedarfs ersetzen Unternehmen häufig durch die Orientierung an Wettbewerbern und Konkurrenzprodukten. Aber Benchmarking führt gerade-

wegs in die Falle der Austauschbarkeit und Anpassung. Damit lassen sich kaum Kunden gewinnen, geschweige denn begeistern.

Wenn Sie genau hinschauen, dann finden Sie auf der Karte Seite 14 f. im Mehr eine winzig kleine Insel, die Mitläuferinsel. Sie ist bis auf ihre Spitze schon fast im Wasser versunken. Nur eine kleine weiße Fahne ragt noch deutlich sichtbar heraus. Darauf ist ein Totenkopf zu sehen mit der Beschriftung: «Hilfe, wir ertrinken!»

Im weiteren Gespräch mit Tante Emma entdecken wir, dass es einen richtigen *Teufelskreis* gibt, den wir jetzt zum ersten Mal in dieser Klarheit vor uns sehen: Je mehr Produkte auf den Markt gebracht werden, desto größer wird die Konsummüdigkeit und die Desorientierung der Käufer. Je desorientierter und illoyaler die Käufer sind, desto schwieriger ist es für die Unternehmen, Käuferwünsche klar zu erkennen sowie *bedarfsgerechte* Produkte zu entwickeln und anzubieten. Und je weiter die Produkte vom Kundenbedarf entfernt sind, desto weniger wird wiederum gekauft und desto mehr wird von den Unternehmen auf den Markt geworfen. Mangelnde Orientierung an Käuferbedürfnissen – steigende Produktflut – sinkende Absätze – sinkende Preise – und wiederum steigende Produktflut; das ist eine regelrechte *Abwärtsspirale,* ein Strudel, der Unternehmen nach unten zieht – geradewegs in den Abfluss, einen der beiden Seitenarme des Überflusses. Der eine Seitenarm des Überflusses führt nach Krieg in den Konkurrenzkampf, der andere ist der Abfluss, der auf den Sturzfelsen zufließt, an dem Unternehmen letztlich zerschellen. Das heißt mit anderen Worten:

Es gibt für Unternehmen keine Alternative zur Ausrichtung am *Kundenbedarf!* Wer nicht weiß, was seine Kunden brauchen und wünschen, agiert am Markt vorbei, hat daher unnötig schwer zu kämpfen und wird im heutigen Verdrängungswettbewerb über kurz oder lang untergehen.

«Ein kundenorientiertes Unternehmen bietet seinen Kunden genau das, was ihnen den größten Nutzen bringt – und nur das.»

(Markus Schweizer / Thomas Rudolph)

Vernachlässigung vielversprechender Käufergruppen

«Die Unternehmen kennen ihre Kunden so wenig, dass sie interessante und kaufkräftige Zielgruppen immer wieder total ignorieren», sagt Tante Emma. «Da sind z.b. die *Frauen,* die heute als Käufer viel selbständiger sind als noch in meiner Generation. Heute werden 80 Prozent aller Konsumentscheidungen von Frauen getroffen, egal ob es um Haushalt und Kleidung oder um traditionelle Männerdomänen wie Bankgeschäfte, Computer- und Autokauf geht. Alles, was für die Familie angeschafft werden soll, wird von Frauen entschieden – auch wenn viele Produkte dann nachher überwiegend von den Männern benutzt werden. Versuchen Sie mal, als Autoverkäufer einem Ehemann einen Sportwagen zu verkaufen, wenn die Ehefrau dagegen ist und eine Limousine haben will! Das funktioniert nie und nimmer. Trotzdem werden Frauen oft gar nicht ernst genommen und beim Kauf wie dumme Barbiepuppen behandelt. Vielleicht», meint Tante Emma scherzhaft, «sollten die Unternehmen mal bei Bauknecht nachfragen. Da hieß es doch früher immer: *Bauknecht weiß, was Frauen wünschen ...*

Eine weitere interessante Zielgruppe ist meine *Generation 60plus.* Unsere Altersgruppe verfügt derzeit über das größte Vermögen aller Bundesbürger. Und trotzdem fragt uns keiner, welche Produkte wir wirklich brauchen und kaufen wollen. Wir sind zum Beispiel an Geräten interessiert, die einfach zu bedienen sind und die man auch vernünftig mit den Händen anfassen kann – ich meine, auch dann anfassen kann, wenn man Rheuma- oder Gichtfinger hat. Die meisten Geräte sind heute viel zu schwierig zu bedienen. All diese Elektronik-Spielereien – daran ist doch bis auf ein paar Ausnahmen niemand in meiner Generation interessiert.

Neulich wollte ich mir ein neues Handy zulegen. Na, das war vielleicht ein Akt! Erst einmal bin ich in einem Telefonladen gewesen, wo man mir an die 200 verschiedene Handys gezeigt hat, zum Teil mit den verrücktesten Funktionen: SMS, Fotos aufnehmen, im Internet surfen, Klingeltöne, integriertes Radio, Bluetooth, GPS-Empfänger usw. – und dann noch mehr als 50 Tarife zur Auswahl.

‹Hören Sie, junger Mann›, habe ich zu dem Verkäufer im Telefon-laden gesagt, ‹ich will *nur telefonieren* – sonst nichts.› Wissen Sie, was der darauf geantwortet hat: ‹Na ja, telefonieren können Sie *unter anderem* auch noch.›

Ich fand mich in dieser Auswahl nicht zurecht und habe im Zustand der Käuferverwirrung erst einmal gar nichts gekauft. Erst ein Bekannter hat mich darauf gebracht, dass es in der Innenstadt einen speziellen Seniorenladen gibt, der ausschließlich Waren und Geräte verkauft, die auf die Bedürfnisse meiner Generation zugeschnitten sind. Dort war ein Betrieb, wie ich ihn sonst kaum irgendwo in einem Geschäft in der Innenstadt erlebe! Die Senioren standen buchstäblich Schlange, um bedient zu werden, denn es ist das einzige Geschäft für die Generation 60plus weit und breit. Im Seniorenladen habe ich dann schließlich ein Handy gefunden, das mir zusagt, das sich leicht bedienen lässt und nicht mit überflüssigen Funktionen überfrachtet ist. Es war zwar sehr viel teurer als all die Angebote im Telefonladen, aber das Geld habe ich gerne bezahlt, weil ich endlich das bekommen habe, was ich wirklich brauchte.»

 **Wenn Unternehmen sich auf *Menschen* – bestimmte Zielgruppen und deren Bedürfnisse – anstatt auf materielle Produkte konzentrierten, dann hätten sie es wirtschaftlich leichter, weil sie viel mehr Abnehmer für ihre Produkte fänden und die Kunden vielleicht sogar begeistern könnten. Deshalb gilt: Menscherlebnis geht vor *Materialerlebnis*.**

Discount versus Luxus – zwischen Einkaufslust und -frust

«Die Unternehmen konzentrieren sich heute in ihrer Werbung viel zu sehr auf den Preis», meint Tante Emma. «Immer und überall wird nur mit dem Preis geworben. Es hat eine dauerhafte Schnäppchenhetze eingesetzt, wobei die Leute oft gar nicht bedenken, wie hoch die Sekundärkosten ‹billig› eingekaufter Ware sind: Also angenommen, es gibt irgendwo ein Sonderangebot bei einem großen Verbrauchermarkt oder Discounter. Der ist dann meist irgendwo draußen auf der ‹grünen Wiese›, also fernab von der Innenstadt mit ihrer Parkplatznot. Nun steigt man ins Auto und fährt erst einmal ca. 30 Kilometer, um das Geschäft zu erreichen. Bei 0,40 Euro Benzinkosten pro Kilometer macht das schon einmal 12 Euro Fahrtkosten, hin und zurück dann 24 Euro – wobei die weiteren Autokosten wie Verschleiß und Wertverlust noch gar nicht einkalkuliert sind. Bei den verstopften Straßen heutzutage dauert die Fahrt mindestens 30 Minuten, hin und zurück eine volle Stunde, die Zeit für den Kauf selbst noch nicht eingerechnet. Der ganze Aufwand wird veranstaltet, um beim Kauf vielleicht 10 oder 15 Euro gegenüber dem regulären Preis zu sparen. Das lohnt sich doch hinten und vorne nicht! Auf der anderen Seite wird dann beklagt, dass die Innenstädte veröden und immer mehr Einzelhändler in den Citys Insolvenz anmelden müssen, weil niemand mehr dort einkaufen will.

> «Liebe Leute, merkt euch drei Worte: Kauft am Orte!»
>
> *(Tante Emmas Spruch)*

Der Abwanderung der Käufer aus den Innenstädten könnten die Einzelhändler natürlich selbst vorbeugen. Zwar können sie an der Parkplatznot nichts ändern, aber sie könnten sich etwas einfallen lassen, um Kunden anzulocken und zu begeistern. Als erste Hilfe könnten sie kostenlos Parkscheiben verteilen, vor allem aber könnten sie Aktionen durchführen, zu denen die großen Discounter nicht in der Lage sind. So fehlt es fast überall an kompetenter Kaufberatung: Man setzt auf das Material – die Produkte – anstatt auf die Menschen und ihre Bedürfnisse. Gerade im Bereich der Beratung könnte der Einzelhandel punkten und vor den Billiganbietern Alleinstellungsmerkmale aufbauen – mit einer pfiffigen Inszenierung zum Beispiel.

Stattdessen macht gerade der Einzelhandel den Fehler, dass er mit den großen Discountern und Verbrauchermärkten mithalten will – ja versucht, diese sogar noch preislich zu unterbieten, was niemals gelingen kann und in die bekannte Abwärtsspirale führt. Anstatt den Mut zu haben, angenehm auffallend anders als die großen

Märkte zu werden, gerät der Einzelhandel immer mehr in die Austauschbarkeitsfalle.

> **«Wer Niedrigpreise sät, wird rote Zahlen ernten.»**
>
> *(Tante Emmas Spruch)*

Man hat die Käufer zuerst auf Schnäppchen getrimmt und ihren Blick ausschließlich darauf gelenkt», meint Tante Emma, «nun wundert man sich, dass sie nur noch nach Preisen fragen. Fast könnte man hier wie in der Psychologie von einem ‹konditionierten Reflex› sprechen. Die Käufer sind zu Schnäppchen-Touristen und Kaufnomaden geworden. Sie sind den Schnäppchen treu, nicht den Unternehmen. Doch die Frage der Käufer nach Sonderangeboten verdeckt ihren wahren Bedarf, denn längst haben die Käufer gelernt, dass sie ohnehin kaum eine vernünftige Kaufberatung erhalten – also fragen sie auch gar nicht mehr danach. Käufer wissen: Beratung ist kein Fluss, sondern ein Rinnsal, das mehr und mehr austrocknet.»

> **«Massenangebote vermitteln dem potenziellen Käufer eine klare Botschaft: Du bist uns nicht wichtig genug, um dich persönlich kennenzulernen.»** *(B. Joseph Pine / James H. Gilmore)*

Tante Emma wirft einen Blick auf unsere Karte (Seite 14 f.) und stellt überrascht fest: «Die Kunden schwimmen abwechselnd im Überfluss der unendlichen Produktfülle und im Rinnsal dürftigster Beratung und dürftigsten Services. Nicht umsonst liegt zwischen dem Überfluss und dem Rinnsal das Egotal: das Tal, in dem die Unternehmen vor allem ‹Nabelschau› betreiben, anstatt darauf zu schauen, was ihre Kunden wirklich brauchen und haben möchten.

Die Kehrseite von fehlendem Service und fehlender Kaufberatung ist der *Beratungsdiebstahl,* vor dem heute kaum noch ein Unternehmen sicher ist: Käufer sehen zu, dass sie zuerst in irgendwelchen Geschäften oder woanders – notfalls beim Nachbarn – kostenlos eine Beratung zur Auswahl und Anwendung des richtigen Produkts bekommen. Kaufen werden sie dann letztlich aber dort, wo es *am billigsten* ist. Gelingt es einem Unternehmen nicht, durch die Beratung den Kunden zu begeistern, verlässt er sehr schnell den Laden, um woanders das erstbeste Schnäppchen zu erwerben. Das im Laden erworbene Wissen und Know-how nimmt er gratis mit.»

«Wer Ihnen 100 Euro stiehlt, den lassen Sie verfolgen. Wer Ihnen 100 Minuten stiehlt, dem drücken Sie die Hand.»

(Tante Emmas Spruch)

Beratungsdiebstahl vermittelt dem potenziellen Verkäufer eine klare Botschaft: Du hast uns nicht genug begeistert, damit wir bei dir einkaufen.

Das hat Tante Emma richtig erkannt. Und sie sieht auch, wohin der Trend in Zukunft weiter gehen wird. «Es gibt heute zwei Bereiche, die weiter wachsen werden: Das eine ist der Discount-Bereich, das andere der Premium- und Luxus-Bereich. *Discounter* sind Preis- und Kostenführer, die vor allem eines wollen und müssen: große Stückzahlen in kurzer Zeit abverkaufen. Denn der Verkauf von Discountware auf niedrigstem Preisniveau ist nur dann rentabel, wenn binnen kurzem gigantische Mengen im Markt abgesetzt werden können. Allein in der Lebensmittelbranche hat sich der Marktanteil der Discounter in 15 Jahren verdoppelt und betrug 2006 41 Prozent.

Der Discount wird in allen Bereichen kommen, auch dort, wo wir es uns heute noch gar nicht so recht vorstellen können, zum Beispiel bei Friseuren, Bäckern, Reisebüros, Apotheken und sogar bei Autos und beim Bau von Einfamilienhäusern, die mittlerweile auch schon als billige Massenware angeboten werden. Überall da, wo der Preis sinkt, hält die Selbstbedienung mehr und mehr Einzug; dass der Kunde sich selbst bedient, ist die Voraussetzung dafür, dass man auf Service und Beratung verzichten kann.

In vielen Innenstädten zum Beispiel gibt es heute schon Discount-Bäckereien mit Selbstbedienung. Auch wenn es noch etwas ungewohnt ist für viele Kunden, sich das Brot selbst aus dem Regal zu nehmen, es zur Kasse zu tragen und nachher sogar noch selbst einzupacken, so haben doch diese Bäckereien einen großen Zulauf. Das bringt die ‹klassische› Bäckerei ohne Selbstbedienung zunehmend in Erklärungsnöte: Sie muss eine Antwort auf die Frage finden, warum Kunden *ausgerechnet bei ihr* kaufen sollen – welchen Mehrwert und echten Nutzen sie davon haben, dort zu kaufen, obwohl es teurer ist. Wenn ein Unternehmen darauf keine Antwort findet, wird es über kurz oder lang in den Ab-Fluss geraten.» Das können wir bestätigen. Vor kurzem erlebten wir bei einer Bäckerei Erstaunliches:

Das Gelbe vom Ei

 Einem Bäcker wurden zehn verschiedene Brottüten vorgelegt: die seines eigenen Geschäfts wie auch die von neun Konkurrenten am Ort. Von weitem waren überhaupt keine Unterschiede zwischen den Tüten erkennbar, aber selbst als alle nebeneinander auf einem Tisch lagen, konnte der Bäcker nur mit Mühe seine Tüte von den anderen unterscheiden. Alle Tüten waren weiß-braun und zeigten irgendwelche Abbildungen von Backwaren. Allein schon mit seiner Verpackung war der Bäcker in die Austauschbarkeitsfalle geraten. Daraufhin entschloss er sich zu einem ungewöhnlichen Schritt. Seine Brottüten bekamen eine neue Farbe, die ihn von allen Konkurrenten unterschied: Sie wurden leuchtend rot. Schon von weitem ist jetzt auf der Straße an der Tütenfarbe zu erkennen, in welcher Bäckerei ein Kunde sein Brot gekauft hat. Die Änderung der Verpackungsfarbe allein ruft zwar längst noch keine Kundenbegeisterung hervor, aber sie ist ein erster Schritt – eine erste Kleinigkeit –, um sich vom Wettbewerb zu differenzieren.

«Insbesondere das Internet trägt maßgeblich dazu bei, dass sich die Discounter weiter verbreiten», so Tante Emma. «Denn Webshop-Inhaber brauchen keine Parkplatznot der Käufer zu fürchten und keine teuren Ladenmieten zu bezahlen. Allein schon deshalb können sie ihre Waren viel günstiger anbieten. Ist dann noch die Warenpräsentation im Internet plus Zusatzinformationen zu den Produkten richtig gelungen, so werden immer mehr Käufer ins Web abwandern – während gleichzeitig der Einzelhandel in steigendem Maße unter

Wettbewerbsdruck gerät, wenn er nicht eine Begeisterungsstrategie entwickelt, um seine Kunden langfristig zu halten.

> «E-Commerce ist die Rache des Verbrauchers für 50 Jahre Demütigung im stationären Handel.» *(Tante Emmas Spruch)*

Am entgegengesetzten Ende des Discounts wächst das *Premium- und Luxus-Segment,* allerdings langsamer als der Discount. Der Premium- und Luxus-Bereich wendet sich an eine kleine, aber stetig steigende Klientel mit hohen Einkommen und hohen Einkommenszuwächsen, die ‹das Besondere› sucht, um sich von der Masse abzuheben. Auch dieser Bereich wird viele Branchen erfassen, Dienstleistungen wie auch Waren: Man denke etwa an Gourmetartikel, Mode, Schmuck, Immobilien, Antiquitäten, Lifestyle und Autos. Kennzeichen von Premium- und Luxusgütern ist die exklusive, limitierte Auflage bestimmter Produkte mit extrem hochwertiger Ausstattung, während bei Premium-Dienstleistungen der Schwerpunkt auf ganz individuell erbrachten, maßgeschneiderten und hochwertigen Leistungen liegt. Die Mitte zwischen beiden – zwischen Discount und Luxus – ist», so resümiert Tante Emma, «in Zukunft zum Sterben verurteilt. Die Schere, die sich zwischen den beiden Bereichen eröffnet, spiegelt natürlich auch die Schere in der Einkommenssituation vieler Menschen wieder.»

Die beiden Bereiche *serviceloser Discount* und *serviceintensiver Premiummarkt* werden sich immer weiter auseinanderentwickeln. Praktisch alle Arten von Produkten und Dienstleistungen – auch solche, die  wir heute noch dem eher hochpreisigen Segment zuordnen, wie Autos oder Immobilien – wird es als billige Discountware zur Selbstbedienung geben. Unternehmen müssen sich in Zukunft entscheiden, ob sie sich in Richtung Discount oder in Richtung Premiumsegment entwickeln wollen, anstatt geistlos einfach nur die Strategie großer Discounter – immer mehr, immer billiger, immer weniger Service – nachzuahmen und damit austauschbar zu werden.

Nachdem wir uns Tante Emmas Eierkuchen haben schmecken lassen, bietet sie uns noch einen Eierlikör an, den wir gerne annehmen, bevor wir noch ein wenig weiterplaudern. Auch zum Thema Service weiß Tante Emma vieles zu berichten.

Die Myway-Insel – zehn typische Service-Irrtümer

«Wir haben ja schon gesehen, wie wichtig der Service für Kunden heute geworden ist. Früher gehörte Service – im Sinne von Kundenberatung zur Auswahl des richtigen Produkts, Hilfe bei der Anwendung des Produkts oder auch der Transport der Waren – ganz selbstverständlich immer mit zum Kauf. Heute ist das eben nicht mehr der Fall, weil sich *Discount-* und *Premiumbereich* mehr und mehr auseinanderentwickeln. Es gibt zehn Service-Irrtümer, denen viele Unternehmen heute unterliegen.

1. Service-Irrtum: Wenn alle diesen Service bieten,
   müssen wir es auch tun.
Nicht nur die Produkte selbst, sondern auch der Service-Bereich kann in die Austauschbarkeitsfalle geraten. Oft sind Unternehmen der Ansicht, sie müssten einen bestimmten Service bieten, nur weil ihn Konkurrenten ebenfalls anbieten. Doch es geht nicht ums Kopieren, sondern ums Kapieren. Nehmen wir zum Beispiel ein Schuhgeschäft, in dem es keine Selbstbedienung gibt. Wie läuft dort üblicherweise die Bedienung des Kunden ab? Normalerweise wird ein Kunde, der ins Geschäft kommt, lediglich nach seiner Schuhgröße und der gewünschten Schuhfarbe gefragt. Ansonsten werden ihm die Schuhe in der Auslage gezeigt, von denen er sich eben die passenden aussuchen kann. Manchmal wird dem Kunden auch noch beim Anprobieren diverser Schuhe geholfen. Dabei bleibt es dann auch meist.

Diese Art von Service ist austauschbar, weil sie praktisch in jedem Schuhgeschäft stattfindet; es ist die Art von Bedienung, die der Kunde erwartet und die ihn, wenn er sie bekommt, zufriedenstellt, aber nicht begeistert. Ein solcher Service wird nicht dazu führen, dass der Kunde wiederkommt. Dabei könnte man es doch viel besser machen:

Das Gelbe vom Ei

Ein Schuhgeschäft ging über die übliche Kaufberatung hinaus, indem es *intelligentere* Fragen stellte und den Kunden half, diejenigen Schuhe auszuwählen, die wirklich ihrem Bedarf entsprachen. Man stellte den Kunden beispielsweise folgende Fragen: «Wie viel gehen Sie pro Tag? Sitzen Sie viel? Fahren Sie viel Auto?» Allein schon dies erlaubte eine klarere Differenzierung, denn «Laufschuhe» müssen anderen Anforderungen genügen als «Sitzschuhe» und «Fahrschuhe»; bei letzteren wetzt sich zum Beispiel das Leder an der rechten Hacke oft ab, so dass hässliche weiße Farbflecken entstehen. Weiterhin wurden die Kunden gefragt: «Müssen Sie viel stehen? Haben Sie Rückenschmerzen?» Diese Fragen lassen Rückschlüsse auf eine geeignete Absatzhöhe zu, die dazu beiträgt, Ermüdungserscheinungen zu vermeiden. Außerdem sind sie auch ein Hinweis darauf, ob der Kunde spezielle Gesundheitsschuhe benötigt.

Durch diese intensivere Beratung erhielt das Schuhgeschäft mehr und mehr einen Überblick darüber, was seine Kunden wirklich brauchten – und *begeisterte!* Die Kunden kamen nun nicht mehr mit den erstbesten «Tretern» nach Hause, die sich schon bald als ungeeignet erwiesen und schnell in der Mülltonne verschwanden, sondern sie konnten sich über langlebige und wirklich geeignete Schuhe freuen.

Die Zusammenarbeit mit guten Lieferanten – unter anderem solchen, die Schuhe speziell für Rückenschmerz-Geplagte anboten – half dem Schuhgeschäft außerdem, das Sortiment stärker an die tatsächlichen Kundenbedürfnisse anzupassen, anstatt nur dieselben Marken und Saisonprodukte anzubieten, die auch die Konkurrenz feilbot.

Am Ende des Schuhkaufs wird in beinahe jedem Geschäft an der Kasse die immer gleiche langweilige Frage gestellt: «Möchten Sie noch Schuhcreme mitnehmen?» Und fast immer antwortet der Kunde schon beinahe reflexhaft mit Nein. Deshalb dachte sich das Schuhgeschäft etwas völlig Neues aus: Man kooperierte mit einem in der Nähe arbeitenden Schuster und überreichte den Kunden beim Kauf einen Gutschein über 5 Euro für die erste Absatzreparatur der neuen Schuhe bei diesem Schuster, und zwar mit den Worten: «Damit Sie recht lange Freude an Ihren neuen Schuhen haben!» Damit hatten die Kunden nicht gerechnet. Sie waren positiv überrascht. Der herausragende Service sprach sich bald herum und zog neue Kunden an, die nun auch eine bessere Beratung vor dem Kauf wünschten, als sie sie woanders üblicherweise bekamen.

2. Service-Irrtum: Lächeln genügt!

Nachdem es sich herumgesprochen hat, dass Lächeln der kürzeste Weg zum Kunden ist, werden reihenweise die Zähne gezeigt. Doch stereotypes Dauerlächeln genügt nicht. Der Kunde merkt schnell, ob er mit seinem Anliegen wirklich ernst genommen wird oder ob die Verkäuferin nur gerade eine Schulung absolviert hat. Leuchten allerdings beim Verkauf die Augen mit, dann signalisiert dies dem Kunden *echte* Begeisterung, weil die Botschaft ankommt: ‹Ich mag Sie›. Voraussetzung für ein ehrliches Lächeln – statt eines bloß aufgesetzten – ist eine positive Grundeinstellung, Spaß an der Arbeit und am Erfolg. Auch Kontaktfreude und ein grundsätzliches Verständnis für den anderen machen ein Lächeln aufrichtig. Ein Lächeln kann ermuntern, trösten oder beschwichtigen. Es kann helfen, ein Problem zu lösen und darf auch Ausdruck eines geglückten Verkaufsabschlusses sein.

 **Lächeln ist keine aufgetaute Tiefkühlkost, sondern ein Stück Sympathie und Herzenswärme.**

3. Service-Irrtum: Der digitale Kunde braucht keinen Service.

Elektronische Services werden oft eingesetzt, um menschliche Arbeitskraft zu sparen und Arbeitsvorgänge zu vereinfachen. Doch oft muss sich der Kunde der Technik unterordnen: Er muss sich durch unübersichtliche Menüs hangeln, findet keinen E-Mail-Ansprechpartner für seine Fragen, erhält dauernde Fehlermeldungen, weil er die Eingabemaske nicht richtig versteht, oder kann ein Produkt im Internet nicht erwerben, weil er keine Kreditkarte hat. Die *Ad-hoc-*

Studie ‹Im Fokus› von *digital media center (dmc)* aus dem Jahre 2007 belegt: Die Navigation bei der Suche nach Produktinformationen in Onlineshops dauert Kunden zu lange und ist zu unübersichtlich. Auch im Internet ist oft mehr Service angesagt! Daher: Auch der digitale Kunde braucht menschlichen Service. Und ein paar verbale Streicheleinheiten bewirken manchmal mehr als die ausgefeilteste Technik.

4. Service-Irrtum: Der Kunde hat gekauft, also ist er zufrieden.

Wenn ein Kunde etwas gekauft hat, bedeutet dies nicht automatisch, dass er zufrieden ist. Denn er wägt immer genau seinen Aufwand bei jedem Kauf ab und fragt sich innerlich: ‹Ist es jetzt einfacher, diesen Artikel zu nehmen, als in anderen Geschäften nach weiteren Artikeln zu suchen? Ist es zu aufwändig zu reklamieren?› Wenn er Zeit und Energie dadurch sparen kann, dass er ein Produkt kauft oder dass er ein gekauftes Produkt, mit dem er unzufrieden ist, *nicht* reklamiert, so wird er entsprechend handeln. Denken Sie an die Routinefrage im Restaurant: Fast immer wird der Gast gefragt: ‹Hat es Ihnen geschmeckt?› Und in über 90 Prozent der Fälle folgt die reflexhafte Antwort: ‹Ja›. Überlegen Sie einmal, wie oft Sie bei dieser Gelegenheit schon mit Ja geantwortet haben, obwohl es Ihnen nicht besonders geschmeckt hat. Auch wenn der Kunde wie ein Wackeldackel das Produkt und den Service abnickt, kommt er beim nächsten Mal nicht automatisch wieder. Damit eine Kundenbeziehung von Dauer ist, bedarf es meist weiterer und oft auch überzeugenderer Anstöße. Denn nur begeisterte Kunden sind treue Kunden. Wer nur zufrieden ist, ist noch lange nicht treu.

5. Service-Irrtum: Schilder zeigen von allein den richtigen Weg.

Ohne Beschilderung geht fast nichts mehr heutzutage: Eingang, Ausgang, Informationsstand, Wartezimmer, Angebot der Woche, Kasse, Sonderaktion, Toiletten, Parkplätze, Weg zur Autobahn usw. Unbestritten ist, dass eine klare Beschilderung bei der Orientierung hilft und es dem Kunden ermöglicht, ohne Irrungen und Wirrungen möglichst geradlinig ans Ziel zu gelangen. Leider haben alle Schilder einen Nachteil: Sie können nicht sprechen! Deshalb kann es vorkommen, dass sie übersehen werden und eine gut aufgemachte Werbebotschaft gar nicht wahrgenommen wird. Werbebotschaften wie Displays funktionieren zwar als Blickfang und Anstoß, doch häufig führt erst der zusätzliche Hinweis der Mitarbeiter im Kundengespräch dazu, dass sich der Kunde aktiv damit befasst.

So könnte der Mitarbeiter dem Kunden zum Probieren einen Teller hinüberreichen mit den Worten: ‹Sie sind eingeladen, von unserem herzhaften Schmelzkäse zu probieren! Mir schmeckt er köstlich, und unsere Kunden sind begeistert. Greifen Sie zu, nehmen Sie sich das größte Stück!› Dies klingt für Kunden viel überzeugender und einladender als ein anonymes Hinweisschild mit einer stillen Beschriftung oder als die sonst üblicherweise von Mitarbeitern gestellte Frage: ‹Möchten Sie probieren?›, die oft mit Nein beantwortet wird.

6. Service-Irrtum: Der Kaffee steht bereit, und der Kunde kann sich bedienen.

Heute stehen oft vollautomatische Kaffeemaschinen und Tassen in einer Ecke in den Schalterräumen von Banken, in Arztpraxen, Autohäusern oder in anderen Geschäften. Doch viele Kunden machen keinen Gebrauch von der netten Geste. Das hat zwei Gründe: Zum einen ist die Kaffee-Ecke häufig so gut versteckt, dass man sie nicht auf Anhieb sieht; zum anderen sind wir oft so erzogen, dass wir nicht ungefragt irgendetwas nehmen und zugreifen. Daher trauen sich viele gar nicht, sich einfach zu bedienen. Mitarbeiter sollten in solchen Fällen dem Kunden direkt eine Tasse Kaffee überreichen und dabei sagen: ‹Bitte nehmen Sie! Wie möchten Sie Ihren Kaffee?› Das persönliche Angebot wird gerne angenommen. Es ist wirkungsvoller als die Frage: ‹Haben Sie schon unseren Kaffee probiert?›

«Wer fragt, gibt nicht gern.» *(Tante Emmas Spruch)*

Also in Sachen Kaffeeangebot kann man schon Merkwürdiges erleben», erzählt Tante Emma. Wissen Sie, was neulich meiner Bekannten beim Friseur passiert ist?»

Ach, du dickes Ei!

Beim Friseur wird dem Kunden heute häufig eine Tasse Kaffee angebo-
ten, sobald er im Stuhl Platz genommen hat. Viele nehmen das Angebot
an. Doch sobald die Tasse heißen, duftenden Kaffees vor dem Spiegel
steht, beginnt das Malheur. Gerne würde man einen Schluck trinken,
doch zuerst müssen die Haare gewaschen und der Kopf dabei so weit
nach hinten verrenkt werden, dass man unmöglich trinken kann. Zwischendurch würde man ja gerne einen Schluck trinken, aber nun hat
man beide Hände unter dem großen Kittel und kommt nicht an die Tasse
heran. Es beginnt das Haareschneiden. Gerne würde man ja zwischendurch einen Schluck trinken, doch die Gefahr, dass man sich beim Nach-
vornebeugen an der Haarschere verletzt, ist einfach zu groß. Es folgt das
Fönen der Haare. Gerne würde man ja zwischendurch einen Schluck trinken, aber mit der heißen Luft am Kopf und dem Kamm in den Haaren
geht es wieder nicht …

Nachdem man schon 20 Minuten lang wie hypnotisiert die Tasse an-
gestarrt hat, sagt die Friseuse plötzlich: «Nun trinken Sie doch endlich
mal etwas!» Für einen kurzen Augenblick lässt sie nun ihre Werkzeuge
und ihre Hände nach unten sinken. Man kann die Hände unter dem Kittel hervorstrecken und – *endlich* – einen Schluck Kaffee nehmen! Aber
nun ist der Kaffee kalt. Und mittlerweile schwimmen auch schon Haare
darin.

«Das Gegenteil von ‹gut› ist eben ‹gut gemeint›», lacht Tante Emma.
«Dabei könnte es gerade beim Friseur doch besseren Service geben als
diese obligatorische Tasse Kaffee, die einem meist keine Freude bereitet. Mein Friseur gönnt seinen Kunden das, was sie sich viel eher
wünschen – das, was alle am meisten am Friseurbesuch schätzen, aber
keiner auszusprechen wagt.» Erstaunt fragen wir nach, worum es sich
handelt. «Es ist die Kopfmassage!», antwortet Tante Emma. «Worauf
wir uns immer freuen, ist es, wenn uns beim Haarewaschen angenehm entspannend die Kopfhaut massiert wird. Mein Friseur zelebriert das so richtig und verbindet es auch noch mit einer Nacken-
massage. Das lernen und üben die Mitarbeiterinnen regelrecht, bevor
sie es bei den Kunden praktizieren dürfen. Diese Massage hat etwas

von Wellness und Erholung. Allein schon um die Massage zu genießen, gehe ich jedes Mal 15 Minuten früher zum Friseur. Denn dieser Service *begeistert* mich – und den bekomme ich bei keinem anderen Friseur!»

Tante Emma kennt noch weitere Service-Irrtümer:

7. Service-Irrtum: Service ist Chefsache.

«Service ist nicht nur Sache des Chefs, sondern jedes einzelnen Mitarbeiters. Aber zuerst muss der Service vom Chef vorgelebt werden, bevor ihn auch die Mitarbeiter praktizieren. Viele Chefs beschweren sich, weil die Mitarbeiter nicht das tun, was sie *sagen*. Nein, sie tun nicht das, was er sagt, sondern das, was er *tut!*

«Wie der Herr, so's Gscherr!»	*(Tante Emmas Spruch)*

8. Service-Irrtum: Der Kunde will die volle Auswahl.

Nur wenige Kunden wissen auf Anhieb, was sie wollen, selbst wenn sie selbstbewusst auftreten. Die einen sind unentschlossen und benötigen Hilfe bei der Entscheidung, die anderen haben einen finanziellen Rahmen abgesteckt, die nächsten kaufen ein Produkt aus Gewohnheit, weil sie sowieso auf der Konfusinsel wohnen und die dortige Gesetzgebung beachten.

Die meisten Unternehmen behandeln ihre Kunden nach dem Motto: ‹Je mehr, desto besser.› Sie sind bemüht, ihnen *alle* Arten von Produkten zu zeigen oder vorzuführen und glauben zudem, der Kunde wolle Produkte mit der maximalen Anzahl von Funktionen. Doch die berühmte Eier legende Wollmilchsau, Version tieftauchfähig und höhenerfahren, ist nur für die wenigsten Käufer wirklich der Hit. Ohnehin leiden die meisten Kunden in Anbetracht der fast unerträglichen Produktfülle schon beinahe unter Herzkammer-Flimmern – besser gesagt: Produkt-Flimmern. ‹Probier mich›, ‹kauf mich›, ‹nimm mich› schallt es ihm von allen Regalwänden permanent entgegen. Den dauernden Verführungen kann er nur durch ständigen kontrollierenden Blick ins Portemonnaie, harte innere Verzichtsappelle und radikale Beschränkungsstrategien begegnen.

Gekauft wird nur, was auf dem Einkaufszettel steht, bis der Einkaufswagen voll oder das selbst gesetzte Limit ausgeschöpft ist. Die Wahl wird zur Qual.

Ein Service, der Kunden hilft, das richtige Produkt auszuwählen, beginnt nicht damit, dass man ihm *alle* Artikel und an jedem Artikel *alle* Funktionen *vorführt*. Das würde das Produkt-Flimmern nur noch mehr verstärken. Richtig guter Service beginnt damit, dem Kunden *eine ganze Reihe von Fragen* zu stellen. Die Fragen sollten wie ein *Trichter* aufgebaut sein, der sich nach unten verengt: Schrittweise wird der Bedarf des Kunden mit jeder Frage immer weiter eingegrenzt, bis sich schließlich nach und nach das passende Produkt herauskristallisiert. Und an diesem Produkt interessieren den Kunden dann auch nur ganz bestimmte Funktionen, und nur diese sollten ihm vor dem Kauf gezeigt werden.

> «Die wichtigste und elementarste Service-Leistung besteht darin, dem Kunden Orientierung zu bieten. Diese findet er jedoch nur, wenn die Produktwelt wieder überschaubarer und durchgliederter wird.»
> *(Stephan Grünewald)*

9. Service-Irrtum: Reklamationen sind Sache der Reklamationsabteilung.

Auch wenn ein Unternehmen eine spezielle Abteilung für die Bearbeitung von Reklamationen hat, geht dieser sensible Bereich des Kundenkontaktes alle an, zum Beispiel auch den Verkauf und die Reparaturannahme. Muss ein fabrikneues Auto gleich zur Reparatur, sollte zum Beispiel auch der Werkstattleiter zu verstehen geben, dass er sich persönlich um das Problem kümmern wird. Wird dem Kunden dann noch vom Verkäufer ein attraktives Ersatzfahrzeug zur Verfügung gestellt, ist er – trotz des ursprünglichen Ärgers – hocherfreut. Die Chance, dass er auch weiterhin Kunde des Autohauses bleibt, steigt, weil sein Problem *ganzheitlich* von allen relevanten Stellen im Unternehmen behandelt wird und er sich gut aufgehoben fühlt.

10. Service-Irrtum: Das Unternehmen lebt vom Verkauf.

Nach betriebswirtschaftlichen Grundsätzen muss ein Unternehmen verkaufen, um Gewinne zu erzielen. Doch dies ist nur eine Seite der Medaille. Soll der Erfolg nachhaltig sein, so müssen stets die Kunden und ihre Wünsche in die Planung miteinbezogen werden. Produkte und Leistungen eines Unternehmens müssen dem Kunden einen Nutzen bringen. Im Grunde muss das gesamte Sortiment auf die Kundenbedürfnisse ausgerichtet sein (mehr dazu in Teil 5). Das Wie ist immer wieder neu zu hinterfragen, weil es sonst zur Gewohnheit wird. Wir kämpfen gegen den härtesten Klebstoff der Welt: die Gewohnheit. Das heißt, der Kundenservice muss flexibel bleiben. Wird er stets an den aktuellen Belangen der Kunden ausgerichtet und nicht zum automatisierten Vorgang, so kann er zum Meilenstein der Kundenbegeisterung werden.

Service ist kein Kostenfaktor, sondern das beste Marketinginstrument für jedes Unternehmen. Denn Service bietet mehr als alles andere die Möglichkeit, Kunden zu überraschen, zu verblüffen und zu begeistern – indem man es anders macht als andere und indem man den Kunden das bietet, was sie sich wirklich wünschen.

Misstrauen

All die Unternehmen, die diesen Service-Irrtümern unterliegen», so Tante Emma, «wohnen auf der Myway-Insel: Sie orientieren sich vor allem am eigenen Nutzen, daran wie sich Dinge zwar für ihr Unternehmen, aber nicht für den Kunden bestmöglich arrangieren und durchführen lassen. Ganz schlimm steht es», so meint sie, «wenn Unternehmen ihren Kunden mit abgrundtiefem *Misstrauen* begegnen. Und das ist leider sehr oft der Fall. Oft werden Kunden flächendeckend wie potenzielle Ladendiebe behandelt. Oder warum werden in Hotels, in denen die Übernachtungen durchschnittlich 125 Euro kosten, unhandliche und bedienungsunfreundliche Bügelsysteme installiert, nur um den Diebstahl von Bügeln im Werte von weniger als einem Euro auszuschließen? Warum wird die Anzahl der Bekleidungsstücke, die Kunden in die Umkleidekabine von Modekaufhäusern mitnehmen dürfen, meist auf drei Stück beschränkt? Warum müssen Kunden im Supermarkt an der Kasse ihre Taschen öffnen oder hochheben, damit die Kassiererin sehen kann, ob sich nicht gestohlene Ware darin oder darunter befindet? Höchstens einer von tausend Kunden stiehlt etwas. Und trotzdem wird gleich am nächsten Tag ein großes Verbotsschild im Laden aufgehängt mit Regelanweisungen, wie sich der Käufer vor und beim Erwerb von Ware gefälligst zu verhalten hat.

Eher schon ans Komische grenzt der Umgang mancher Unternehmen mit Service, die es eigentlich gut meinen mit ihren Kunden», lacht Tante Emma. Und da fällt ihr wieder so ein Schmankerl ein, das sie selbst erlebt hat.

Ach, du dickes Ei!

Ein Party-Service lieferte die gewünschten Speisen an und holte nach der Veranstaltung alles wieder ab. In dem Bemühen, der Gastgeberin eine Freude zu bereiten, schenkte man ihr zum Abschied eine Schürze. Auf solch eine Idee können nur Männer kommen! Jeder weiß doch, dass für die Dame des Hauses der Abwasch das Schlimmste an der ganzen Feier ist. Ihr dann auch noch eine Schürze zu schenken und sie an die kommende stundenlange Prozedur zu erinnern, ist so, als ob man das Kind mit dem Bade ausschüttet und ihm anschließend noch Seife in die Augen schmiert.

«Das süß-säuerliche Gesicht der Gastgeberin hätten Sie mal sehen sollen», lacht Tante Emma. «Die Dame war wirklich überaus ‹begeistert›! Da hätte es doch bessere Service-Ideen gegeben. Ich kenne einen anderen Party-Service, der es wirklich vorbildlich macht.

Das Gelbe vom Ei

Der Party-Service fragt schon bei der Auftragsannahme, welche Gäste kommen und ob auch Kinder und ältere Leute dabei sind. Kinder können für Erwachsene auf einer Party manchmal ausgesprochene Nervensägen sein: Sie laufen pausenlos herum, sind ungeduldig und verlangen

permanente Aufmerksamkeit. Deshalb bringt der Party-Service zusätzlich zu den Speisen kostenlos eine große Kiste mit spannendem Spielzeug mit – da sind die lieben Kleinen erst einmal für eine gute Stunde beschäftigt.

Leute der älteren Generation sind keine so begeisterten Buffet-Fans wie die jüngere Generation, sondern möchten viel lieber wie im Restaurant bedient werden. Hinzu kommt, dass manche gehbehindert sind, und jedes Mal, wenn sie etwas zu essen haben möchten, müssen sie zuerst vom Tisch aufstehen, sich dann möglicherweise in eine lange Schlange einreihen und schließlich ihr Essen mitsamt Gehstock wieder zum Tisch zurückbalancieren. Für ältere Leute hat sich der Party-Service daher ebenfalls etwas Besonderes einfallen lassen: Es wird ein Mini-Büffet an dem Tisch eingerichtet, an dem die Generation 6oplus sitzt. So brauchen die Gäste nicht erst aufzustehen, sondern können sich an Ort und Stelle bedienen. Eine hervorragende Idee!

5. Vier Begeisterungs-Werte

Wir fragen Tante Emma, wie man es schaffen kann, dass der Funke der Begeisterung bei den Kunden überspringt. Sie erklärt uns, dass es vier herausragende Begeisterungs-Werte gibt. «Werte klingen heutzutage so altmodisch», sagt Tante Emma, «und doch sind gelebte Werte im Umgang miteinander nach wie vor Stabilitätsgrößen. Sich auf alte Werte zu besinnen und individuell danach zu handeln, kann zum Begeisterungsfaktor werden. Denn Kunden haben feine Antennen dafür, wo sie Wertschätzung erfahren. Besinnen wir uns also auf die gute Kinderstube.

Begeisterungs-Wert Nr. 1: Zuverlässigkeit

Sich auf jemanden zu verlassen heißt, ihm zu vertrauen, gleich ob beruflich, in Partnerschaften, Freundschaften oder Organisationen. Wenn Kunden sich auf ein Unternehmen verlassen, wird vorausgesetzt, dass dessen Handeln sich an verlässlichen, verbindlichen Werten orientiert. Kunden wollen sich darauf verlassen, dass Angebote und Zusagen eingehalten werden, dass Lieferungen pünktlich erfolgen, dass Qualitätsstandards beachtet werden, dass sie prompt und freundlich bedient werden undsoweiter. Das Vertrauen, dass sich daran auch nichts ändert, kennzeichnet das gegenseitige Verhältnis und wird zum ‹Klebstoff› der Beziehung. Zuverlässigkeit ist nicht nur für die Beziehung zu den Kunden, sondern für alle Geschäftsbeziehungen eines Unternehmens von großer Bedeutung:

- Händler, Hersteller und Zulieferer sind auf partnerschaftliche Zusammenarbeit angewiesen. Besonders dort, wo die früher übliche Lagerhaltung abgebaut wird, wirkt sich eine zuverlässige schnelle Produktion und Lieferung auch auf den Endkunden aus.
- Talentierte Mitarbeiter werden in Anbetracht der heute sinkenden Jobsicherheit nur dann bei ihrem Arbeitgeber bleiben, wenn eine Vertrauensbasis besteht. Ansonsten werden sie abwandern,

und das Unternehmen muss Zeit und Geld investieren, um neue Mitarbeiter zu finden und diese wieder einzuarbeiten.

- Ein Weltmeister in Kleinigkeiten hält Zusagen wie versprochene Rückrufe oder das Zusenden von Unterlagen ein. Manchmal lassen sich Zusagen aus zeitlichen Gründen nicht einhalten, aber in solchen Fällen hilft ein kurzer Anruf. Gerade die Kultur der Zuverlässigkeit, die die Basis jeder Geschäftsbeziehung ist, sollte wieder mehr gepflegt werden.

«Auf seine Mitarbeiter zählen zu können ist wesentlich wichtiger, als sie aufzählen zu können.» *(Aba Assa)*

Begeisterungs-Wert Nr. 2: Aufrichtigkeit
Aufrichtigkeit ist ein Merkmal der Ehrlichkeit und das Gegenteil von Heuchelei, Schmeichelei und Betrug. Manchmal ist es nur ein schmaler Grad, der die Aufrichtigkeit von ihrem Gegenteil trennt, der zum Beispiel eine gegenüber dem Kunden geäußerte Nettigkeit von geheuchelter Wohlgesonnenheit trennt. Die Kunst besteht darin, eine aufrichtige Haltung zu wahren und damit eine seriöse Basis für die Kundenbeziehung zu schaffen. Denn Kunden merken schnell, wenn man ihnen gegenüber unaufrichtig ist.

Das Gelbe vom Ei

Eine Kundin kommt im topaktuellen Outfit aus der Umkleidekabine und stößt beim Blick in den Spiegel entzückende Begeisterungslaute aus. Die Verkäuferin denkt zum Glück nicht an die Hochrechnung ihres Tagesumsatzes und sieht darum, dass sich hier keine Claudia Schiffer in die Bluse gezwängt hat. Die Beurteilung «Die Bluse sitzt etwas knapp. Ich bringe Ihnen noch ein paar andere Modelle zum Anprobieren» erfordert Aufrichtigkeit. Die mit dem Heraussuchen besser passender Alternativen entstehende zusätzliche Arbeit signalisiert der Kundin, dass sie ernsthaft beraten wird und man ihr nicht nur schmeicheln will. Die schließlich ausgewählte Bluse passt genau zum Typ der Käuferin und ist nicht minder modisch. Die gleich mitgekauften Accessoires tragen zur

Hochstimmung der neu eingekleideten Kundin genauso bei wie zum Geschäftserfolg der Verkäuferin.

> «Wie man in den Wald hineinruft, so schallt es heraus.»
>
> *(Tante Emmas Spruch)*

Begeisterungs-Wert Nr. 3: Fairness

Fairness sollte nicht nur im Sport, sondern auch in der Unternehmenskultur verankert sein: gegenüber den eigenen Mitarbeitern, den Kunden, aber auch den Mitbewerbern. Leider wird dieser Wert oft durch Ellenbogenmentalität und Rücksichtslosigkeit verdrängt. Ungeachtet dessen ist Fairness auch heute noch eine Investition, die sich auszahlt und die das Klima und Image eines Unternehmens erheblich beeinflusst. Fairness wirkt nach innen und außen gleichermaßen: Fair behandelte Mitarbeiter identifizieren sich meist stark mit ihrem Arbeitgeber und tragen diese Philosophie weiter an die Kunden. Fairness im Umgang mit Kunden bedeutet, sich auf deren Bedürfnisse einzustellen. Nur der Gleichklang von Angebot und Nachfrage sichert eine stabile Beziehung. Wenn der Kunde das bekommt, was er braucht, und noch ein bisschen mehr, entsteht diese Harmonie. Doch oft steht der schnelle Kaufabschluss als Handlungsmotiv stärker im Vordergrund als Fairness.

Begeisterungs-Wert Nr. 4: Liebe

Niemand kann seine Arbeit immer lieben. Doch eine ungeliebte Arbeit verrät sich selbst. Wer sich und seine Begabungen, sein Wissen und Können einbringt, wer mit Liebe bei der Sache ist, wird diese stets besser bewältigen als derjenige, der nur missmutig an die Dinge herangeht. Ein redefauler Kundenberater ist ebenso fehl am Platz wie ein Buchhalter, der Zahlen verabscheut. Gerade im Kundenkontakt ist ein gewisser Grad an Liebe zur Aufgabe unabdingbar. Denn wie beim Pingpong-Spiel fliegen die unsichtbaren Bälle hin und her. Begeisterung steckt an, und der Funke springt über.

«Mehr als Geld brauchen wir Liebe. Wirklich Mensch werden
können wir allein in Liebe. Liebe ist die Kaufkraft des Glücks.»

(Phil Bosmans)

Wir fragen Tante Emma, ob sie denn – außer ihrem eigenen früheren
Betrieb – ein Unternehmen kennt, dass all diese Begeisterungs-Werte
wirklich lebt und einen hervorragenden Service bietet. «Sie sind immer auf der Suche nach bunten Eiern, nicht wahr», lacht Tante
Emma, «als ob alle Tage Ostern wäre. Andererseits sind gut aufge-
stellte Unternehmen, die angenehm auffallend anders als alle anderen sind, ja wirklich so selten zu finden wie bunte Ostereier. Mir fällt
da spontan die Fleischerei Kadel ein.»

Fleischerei Kadel – ein buntes Ei im Fleischfachhandel

Die deutsche Lebensmittelbranche ist einem starken Veränderungs-
druck ausgesetzt und muss sich in einem Markt bewegen, der als der
schwierigste Lebensmittelmarkt der Welt gilt. Discounter und Le-
bensmitteleinzelhandel liefern sich einen gnadenlosen Preiswettbe-
werb, der nicht spurlos am handwerklichen Mittelstand vorübergeht.
Viele Geschäftsaufgaben der letzten Jahre sind Folge des ruinösen
Wettbewerbs, der den Preis zum wichtigsten absatzpolitischen In-
strument gemacht hat.

Die Fleischerei Kadel ist ein mittelständischer Betrieb mit rund
30 Mitarbeitern, vier Filialen und einem Party-Service in Fürsten-
berg, Niedersachsen. Als 1997 nur 30 Kilometer vom Firmensitz
entfernt, das erste BSE-Rind gefunden wurde, brach bei Kadel eine
Welt zusammen. Massive Umsatzeinbrüche brachten das Unternehmen an seine Grenze, zumal die betriebswirtschaftliche Situation
auch in den Vorjahren nicht rosig gewesen war. Der Versuch, die
Kunden mit diversen Preisaktionen wieder ins Geschäft zu ziehen,
hatte nur mäßigen Erfolg. Seminarmaßnahmen halfen schließlich
dabei, die missliche Situation strukturiert zu bewältigen und Mitarbeiter wie Chefs von der Notwendigkeit des Umdenkens zu überzeugen.

«Eine schonungslose Bestandsanalyse war Voraussetzung für unsere Neupositionierung», erklärt Susanne Kos, Mitinhaberin des familiengeführten Betriebs. «Denn behaupten kann sich heute nur, wer eine maximale Übereinstimmung zwischen den eigenen Möglichkeiten und Fähigkeiten einerseits sowie den Anforderungen der Kunden andererseits herstellt. Die für uns entscheidende Frage lautete: Was wollen unsere jetzigen und künftigen Kunden überhaupt? Und was können wir besser als andere?»

Die Fleischerei kam zu der Erkenntnis, dass sie sich vor allem durch vier Merkmale vom Wettbewerb absetzen und profilieren konnte. Der erste Pluspunkt ist freundlicher Service und kompetente Beratung. «Ein Mensch ohne Lächeln sollte keinen Laden aufmachen und auch nicht hinter der Theke stehen – diesen Grundsatz beherzigt unser gesamtes Team», so Susanne Kos. Der zweite Pluspunkt liegt in einem sowohl breiten als auch tiefen Sortiment an Fleisch- und Wurstwaren, ergänzt durch attraktive Rand- und Ergänzungsprodukte, die auf die Kundenbedürfnisse abgestimmt sind. Dies stellt ein Leistungspotenzial dar, das der Handel nicht realisieren kann, weil er um hoher Absatzmengen willen seine Sortimentspolitik an großen Dimensionen ausrichten muss. Kadel legt daher das Augenmerk verstärkt auf Eigenprodukte mit individueller Würzung bzw. Geschmacksnote sowie auf regionale hausgemachte Spezialitäten.

Damit eng verbunden ist der dritte Pluspunkt, der Begeisterungs-Werte wie Zuverlässigkeit und Vertrauen beinhaltet: «Herkunft und Qualität unserer Produkte sind – im Gegensatz zur Massenware anonymer Lebensmittelproduzenten – für die Verbraucher nachvollziehbar und transparent, worin ein hervorragendes Differenzierungspotenzial für uns liegt. Wir sind als Menschen Zeichen des Vertrauens und der Identifikation. Und dadurch sind wir einzigartig», erklärt Susanne Kos. Vertrauen wird unter anderem dadurch aufgebaut, dass man der Öffentlichkeit und den Kunden Informationen über die handwerkliche Produktion und die Produkte, die Qualitätsansprüche und -sicherungsmaßnahmen zukommen lässt. Denn Information gibt Sicherheit, besonders dann, wenn Verbraucher – wie heute üblich – vermeintlich Vergleichbares auch günstiger bekommen können. Regelmäßige Veranstaltungen wie Kochkurse, orientalische Abende, Einschulungs- und Dankeschön-Aktionen tragen ebenfalls mit relativ wenig Aufwand dazu bei, die Kunden von Kadel auf dem Laufenden zu halten, und wurden daher sogar mit dem Rudolf-Kunze-PR-Preis des Deutschen Fleischerhandwerks ausgezeichnet.

Den vierten Pluspunkt schließlich können gerade Familienbetriebe für sich verbuchen: Sie haben schlanke Strukturen, sind flexibel und haben kurze Entscheidungswege, die einen Vorteil im Wettbewerb darstellen. Somit war Kadel in der Lage, sein Sortiment schnell an die Kundenbedürfnisse anzupassen: Für alle Produkte wurde eine Allergenliste erstellt, was insbesondere Kunden mit Lactose-Intoleranz und Glutagenallergiker sehr erfreute und dem Betrieb obendrein neue Kunden aus weiterer räumlicher Entfernung einbrachte.

Von jeher steht gerade ein Handwerksbetrieb für Qualität aus Meisterhand. «Es war unser Anspruch, diesen Vertrauensvorsprung weiter auszubauen», so Susanne Kos. «Inzwischen können wir feststellen, dass es uns gelungen ist, Kunden durch die Produktqualität, die Vielfalt, die Atmosphäre im Geschäft und den freundlichen Service so zu begeistern, dass sich die Verweildauer in unserem Geschäft gegenüber früher deutlich erhöht hat. Begeisterte Kunden geben nicht nur gerne Geld aus, sondern kommen auch wieder. Und sie sind die besten und preiswertesten Multiplikatoren, die man sich denken kann.»

Was können andere Handwerksbetriebe in ähnlicher Situation von Kadel lernen? «Viele fürchten heute die Konzentrationsbewegungen des Handels und die Globalisierung. Sie fühlen sich als kleines, überflüssiges Rädchen. Doch sie übersehen dabei, dass die Entwicklung auch zur Entstehung vieler neuer lokaler Teilmärkte führt. Sicherlich gibt es kein Patentrezept für eine Fleischerei in der Krise», so Susanne Kos, «aber wem es gelingt, hochwertige regionale Produkte mit der Persönlichkeit des Handwerksmeisters zu einer Marke zu verschmelzen, der schafft sich ein Alleinstellungsmerkmal und wird unersetzlich für seine Kunden.»

Service in Japan

Wir stimmen Tante Emma zu, dass die Fleischerei Kadel ein vorbildlich aufgestelltes Unternehmen – ein richtig buntes Ei – ist. Sie hat es verstanden, ein eigenes Stärkenprofil zu entwickeln und sich damit aus dem Wettbewerb und dem Kampf gegen Großunternehmen erfolgreich herauszuschälen. Kadel hat seine eigene Begeisterungsstrategie entwickelt und lebt aktiv seine Begeisterungs-Werte.

Wir haben viel von Tante Emma gelernt und lange mit ihr geplaudert. Leider müssen wir uns nun verabschieden, denn in Kürze geht unser Flug nach Seinschein-City. Doch Tante Emma wäre nicht *die* Service-Expertin, wenn sie nicht zum Abschluss noch eine Überraschung für uns parat hätte.

Sie schwärmt uns von dem hervorragenden Service in Japan vor: «Wenn ich mir in Deutschland ein Taxi nehme und nicht gleich eine lange Strecke buche, dann reagiert der Fahrer muffig. In Japan hingegen gibt es spezielle Kurzstrecken-Taxis. Und während ich in Deutschland mein Auto selbst in die Werkstatt bringen muss, ist es in Japan selbstverständlich, dass es der Händler abholt. In Deutschland sind Restaurants, die einen Lieferservice bieten, die Ausnahme; meist kann ich nur zwischen Pizza und Chop Suey wählen, wenn ich hungrig bin. In Japan hingegen hat *jedes* Restaurant einen Lieferservice. Banken, Arztpraxen und manche andere Unternehmen haben hierzulande viel zu kurze Öffnungszeiten; in Japan hingegen wird im Schichtbetrieb gearbeitet, so dass Praxen rund um die Uhr geöffnet sind. Mit anderen Worten: Vieles, was in Japan selbstverständlich ist, könnte in Deutschland Kunden begeistern.

Das Problem dabei ist, dass bei uns das Dienen, wie es Grundvoraussetzung für jede Dienstleistung ist, leider eher als Herabsetzung empfunden wird, anstatt dass man es mit Freude und Begeisterung ausübt. In Japan hat man eine offenere Einstellung zum Dienen, wie bereits die Wortwahl verrät: Der Käufer heißt dort nicht ‹Kunde›, sondern ‹ehrenwerter Gast›. Man empfindet es als völlig normal, und niemand schämt sich dafür, als Kellner, Taxifahrer oder Schuhputzer zu arbeiten. Sogar Akademiker verdienen sich mit Taxifahren oder Schuheputzen gerne etwas nebenher. Tante-Emma-Läden wie meiner, die in Deutschland aussterben, erleben in Japan gerade eine Renaissance. Sie haben ihre Strategie geändert und locken Kunden jetzt mit interessanten neuen Dienstleistungen an.

Und deshalb habe ich mich entschlossen», überrascht uns Tante Emma, «Deutschland zu verlassen und nach Japan zu ziehen. Zwar bin ich zu alt, um noch einmal ein Geschäft zu eröffnen, aber ich möchte Existenzgründern in Japan mit meiner 50-jährigen Berufserfahrung helfen, ihre Tante-Emma-Läden erfolgreich zu machen.» Damit haben wir wahrhaftig nicht gerechnet! Tante Emma, die Kundenbegeisterungsstrategin, als Existenzgründungsberaterin in Japan – das können wir uns bei ihrem Know-how gut vorstellen.

Wir bedanken uns für das ausführliche Gespräch mit ihrer Einschätzung der Service-Großwetterlage und den vielen Kundenbegeisterungstipps, wünschen ihr alles Gute für ihre Zeit in Japan und verabschieden uns, denn wir müssen unseren Flieger nach Seinschein-City bekommen. Zur Sicherheit schauen wir noch einmal nach, ob wir auch unser Flugticket eingesteckt haben. Aber Moment mal! Ist das Ticket überhaupt echt?

6. Basis-, Leistungs- und Begeisterungsfaktoren

Kundenkarten – Gefälschte Tickets für die Reise zur Kundenbegeisterung

Viele Unternehmen setzen mittlerweile Kundenkarten ein: vom Blumenladen bis zur Drogerie, vom Schreibwarengeschäft bis zum Kaufhaus, vom Reisebüro bis zum Hotel, von der Fluggesellschaft bis zur Internetbuchhandlung, von der Tankstelle bis zum Antiquitätenladen – kaum ein Unternehmen, das nicht an ein Kundenkartenprogramm angeschlossen ist. Die Erwartungshaltung Karten emittierender Unternehmen ist sehr hoch: Nach Abschaffung des Rabattgesetzes in Deutschland im Jahre 2000 versprach man sich, die Kunden erstmals wieder mit Preisnachlässen gezielt in die Geschäfte locken zu können, wobei man die unzeitgemäßen Rabattmarken-Klebeheftchen, die es zu Tante Emmas Zeiten noch gab, durch elektronische Karten im Scheckkartenformat ersetzte. Doch Unternehmen wollen nicht nur Rabatte geben, sondern vor allem auch mehr verkaufen, neue Kunden gewinnen und profitable Kunden binden. Nicht zuletzt wollen sie über die Käufer Daten sammeln: Adressen, Kaufgewohnheiten und -muster sollen helfen, das Warenangebot den Kundenbedürfnissen anzupassen und gezielt Werbeangebote zu versenden.

Versprochen werden dem Kunden, der eine Kundenkarte – meist kostenlos – erwirbt, drei Arten von Vorteilen:

- *ökonomischer Nutzen* durch Preisnachlässe, Ausgabe von Prämien bei Erreichen bestimmter Kaufumsätze oder integrierte Zahlungsfunktion,
- *sozialer Nutzen* durch zusätzliche Serviceleistungen, auch immaterieller Art,
- *emotionaler Nutzen* durch hohe Anerkennung und Prestige-Status als Premium-Kunde.

Wie sieht es heute etwa sieben Jahre nach der Einführung von Kundenkarten aus? Inzwischen gibt es mehrere hundert Kartenprogramme,
und 90 Prozent aller Verbraucher in Deutschland besitzen mindestens
eine Karte. Ein voller Erfolg, so sollte man meinen. Oder doch nicht?
Die erste wissenschaftliche Untersuchung zur Wirkung von Kunden-
kartenprogrammen, durchgeführt von der Unternehmensberatung
OgilvyBrains aus Frankfurt und dem Institut für Marketing an der Universität Münster, kommt zu ernüchternden Ergebnissen.

Anspruch und Wirklichkeit der Karten klaffen weit auseinander:
Etwa 30 Prozent der Kartennutzer sehen ihre Erwartungen an das
Programm erfüllt. Mit anderen Worten: Sie sind zufrieden, aber
noch lange nicht begeistert. Knapp 75 Prozent verneinen ausdrücklich die Frage, ob sie als Karteninhaber beim Kauf freundlicher behandelt werden. Trotz der zahlreichen unterschiedlichen Programme
besitzt die Hälfte der Befragten höchstens zwei Karten, und lediglich
30 Prozent der Karteninhaber nutzen eine Karte *regelmäßig*. Längst
machen sich also die Karten den Platz des Verbrauchers im Portemonnaie gegenseitig streitig.

Aus der Sicht der Käufer türmen sich wachsende Barrieren beim
Erwerb und bei der Nutzung der Karten auf: Rund 63 Prozent der
Verbraucher beklagen, sie bekämen zu viele unerwünschte Informationen und Zusendungen; sie sind mehr und mehr unwillig, persönliche Daten wie Adressen und Bankverbindungen weiterzugeben.
Besonders hoch sind die Datenschutzbedenken: Mehr als 50 Prozent
der Befragten wollen informiert werden, wie Unternehmen die Informationen über ihr Kaufverhalten nutzen. Der Marktführer unter
den Kartenprogrammen in Deutschland hat mittlerweile sogar den
Big-Brother-Award erhalten, eine negative Auszeichnung für die
mangelnde Einhaltung von Datenschutzgrundsätzen.

«Geschäfte sind nicht nett zu Menschen, Geschäfte sind nett
zu Kreditkarten.»   *(Aus dem Film Pretty Woman)*

Weiterhin sind viele Verbraucher unzufrieden, weil es ihnen an potenziellen Nutzungsgelegenheiten für die Karten mangelt. 70 Prozent

der Karteninhaber sagen von sich selbst, sie kennen *nicht* die mit ihrer Karte verbundenen Vorteile. Auch eine Verbesserung des Preis-Leistungs-Verhältnisses wird von den meisten Befragten nicht bestätigt, denn die angebotenen Rabatte beinhalten meist weniger als fünf Prozent Preisnachlass, und um eine Prämie bekommen zu können, benötigen die Programmteilnehmer oft mehr als ein Jahr Sammelzeit. Nur rund 33 Prozent halten die Leistungen der Kartenprogramme für sehr attraktiv.

Karteninhaber sind nicht den Geschäften treu, Karteninhaber sind den Kartenprogrammen treu.

Die wissenschaftliche Untersuchung zeigt außerdem, dass *profitable* Kunden ihr Kaufverhalten mit dem Erwerb einer Karte nicht verändern; sie tätigen also keine Zusatzeinkäufe. Da sie aber zugleich vor allem mit den Rabatten die finanziellen Vorteile der Karte in Anspruch nehmen, findet hier gewissermaßen durch die Hintertür eine überflüssige und kontraproduktive «Subventionierung rentabler Stammkunden» statt: Ausgerechnet den treuen Kunden, die am wenigsten preisempfindlich sind, wirft man mit den Karten gewissermaßen das Geld nach, indem man ihnen Preisnachlässe einräumt! Intensive Nutzer von Kartenprogrammen sind auch diejenigen, die sich durch eine deutlich höhere Zufriedenheit und Loyalität zum Kartenprogramm auszeichnen.

Und wie sieht der Nutzen für die Karten emittierenden Unternehmen aus? Aus der Sicht der wissenschaftlichen Untersuchung besteht der einzige erkennbar positive Effekt darin, dass schlechtere Kunden nach Erwerb einer Karte ihr Kaufverhalten ändern und beträchtlich mehr konsumieren. Damit kann wenigstens die Subventionierung der loyalen Kunden überkompensiert werden – mehr aber auch nicht.

Unter dem Strich kommt die Studie zu dem Ergebnis: Aufgrund der Homogenisierung des Produktangebots wird es in vielen Märkten zunehmend schwieriger, mit den Karten auf der reinen Produktebene qualitative oder funktionale Differenzierungsvorteile zu erlangen. *Service-Vorteile* und *immaterielle Vorteile* könnten hingegen einen Ansatz zur Unterscheidung gegenüber dem Wettbewerb darstellen und einer Karte ein unverwechselbares, attraktives Profil verleihen. Nur leider werden derartige Vorteile von den wenigsten Kartenprogrammen geboten! Statt permanenter Rabatte würde beispielsweise ein kostenloser Express-Änderungsdienst bei Bekleidung oder die Möglichkeit, Kleidung zur Anprobe mit nach Hause zu nehmen, den Kunden wirklich nützen und von ihnen entsprechend geschätzt. Sie gäben den Karteninhabern das Gefühl, als Premium-Kunden eine bevorzugte Behandlung zu erfahren, und wären sogar potenzielle Begeisterungsfaktoren.

 **Fazit: Keine K-Aufregung bei Kundenkarten! Die meisten Teilnehmer von Kartenprogrammen sind bestenfalls zufrieden, aber nicht begeistert, denn sie erfahren denselben Service, obwohl sie eher eine Premium-Behandlung erwartet hätten. Der Nutzen der Karten wird von den Verbrauchern überwiegend als undurchsichtig und diffus eingeschätzt. Die konsequent mit «Geiz ist geil»-Slogans und Preissonderaktionen in die Geschäfte gelockten Verbraucher wissen als gelernte Schnäppchenjäger, wie sie per Karte geschickt ihre Preisvorteile nutzen, ohne dass die Geschäfte einen herausragenden Nutzen davon hätten. Differenzierungsmöglichkeiten der Kartenprogramme, die Kunden begeistern könnten, lägen im immateriellen Servicebereich, werden aber so gut wie gar nicht angeboten.**

Das Kano-Modell

Kundenkarten haben sich zu Durchschnittseiern entwickelt, und manche sind im Hinblick auf die Missachtung von Datenschutzgrundsätzen sogar eher faule Eier. Warum funktionieren Serviceideen wie die Kartenprogramme nicht so, dass sie die Kundentreue erhöhen oder nennenswerte Mehrumsätze bringen? Zum einen deshalb, weil Kundenkarten nicht sprechen können: Sie sind kein Mittel, um Vorteile zu kommunizieren. Genauso wie im Schilder-Wald verirren sich die Kunden auch im Karten-Wald, wenn sie nicht von freundlichen Mitarbeitern mit Worten auf den Nutzen ihrer Karte und eventuelle Einsatzmöglichkeiten mehrfach ausdrücklich hingewiesen werden. Es gilt auch hier wieder: *Menscherlebnis geht vor Materialerlebnis.* Was Menschen im Beratungs- und Verkaufsgespräch bewirken und zum Beispiel an Begeisterung wecken können, kann durch anonyme, stumme Karten allein niemals erreicht werden.

Zum anderen funktionieren die Karten nicht optimal, weil sie sich durch flächendeckende Marktsättigung quasi «totgelaufen» haben. Hier ist ein *Nachahmereffekt* entstanden: Zuerst waren es nur wenige Geschäfte, die Karten ausgaben, dann zogen immer mehr nach, weil sie sich unter Druck gesetzt sahen, mit den Konkurrenten mitzuhalten. Es wurde kopiert, aber nicht richtig kapiert, was die Kunden wirklich wollen. Wenn schließlich *alle* Geschäfte Karten ausgeben und sich deren Nutzen wie ein Ei dem anderen gleicht, so lässt sich damit *kein Vorsprung* mehr gewinnen und erst recht nicht der Austauschbarkeitsfalle entfliehen. Im Gegenteil: Man hat mit der Verwaltung der Karten und Kundendaten zusätzlichen Aufwand im Geschäft geschaffen, der sich unter dem Strich nicht rentiert!

Wieder einmal zeigt sich: Es lohnt sich nicht, einfach nur zu kopieren, was Mitbewerber als Service oder vermeintlichen Service ihren Kunden bieten. Vielmehr bedarf es einer *individuellen Begeisterungsstrategie* für jedes Geschäft, um für die Kunden unverwechselbar zu werden und damit ihre Loyalität zu erhöhen.

Um zu verstehen, womit man Kunden wirklich begeistern kann, ist das *Kano-Modell* hilfreich, das von Noriaki Kano, Lehrer an der

Universität von Tokio, 1978 entwickelt wurde. Kano unterscheidet zwischen drei Arten von Produkt- bzw. Dienstleistungseigenschaften:

1. *Basisfaktoren* sind diejenigen Eigenschaften, die für den Kunden selbstverständlich sind und die er – bewusst oder unbewusst – erwartet. Basisfaktoren sind *Mindestanforderungen* und Teil der Kernleistung. Beispielsweise erwarten Käufer eines Autos, dass die Bremsen funktionieren, ohne dass sie dies beim Kauf ausdrücklich sagen; wer öffentliche Verkehrsmittel benutzt, erwartet, dass sie pünktlich sind, und von einer Bank erwartet man, dass die Kontoauszüge keine Rechenfehler enthalten. Sind die Basisfaktoren erfüllt, so ist der Kunde lediglich *nicht unzufrieden*. Er ist jedoch weder zufrieden noch begeistert.

2. *Leistungsfaktoren* sind Produkt- oder Dienstleistungseigenschaften, die der Kunde erwartet und ausspricht. Die von ihm erwarteten Leistungen sind für ihn unter anderem Gegenstand von Konkurrenzvergleichen, wenn er ermittelt, wo er mehr oder weniger Leistung für sein Geld erhält. Beim Autoverkauf beispielsweise ist der Benzinverbrauch des Wagens, beim Computerkauf die Schnelligkeit des PCs, beim Lebensmittelkauf die Haltbarkeitsdauer des Produkts jeweils ein Leistungsfaktor. Sind die Leistungsfaktoren erfüllt, so führt dies zur Zufriedenheit des Kunden, aber wiederum nicht zur Begeisterung.

3. *Begeisterungsfaktoren* werden vom Kunden nicht ausdrücklich erwartet, nicht artikuliert und sind auch nicht bewusst; oft handelt es sich um latente Wünsche. Sie erhöhen erheblich den wahrgenommenen Nutzen der Kernleistung, können aber nicht gegen fehlende Basisfaktoren aufgerechnet werden. Werden Begeisterungsfaktoren geboten, so ist der Kunde sowohl zufrieden als auch begeistert – vorausgesetzt, die Basis- und Leistungsfaktoren wurden ebenfalls erbracht. Begeisterungsfaktoren sind eine Möglichkeit, um sich vom Wettbewerb zu differenzieren.

Das Dilemma der Kundenkarten – wie auch anderer eingeführter Service-Innovationen – besteht darin, dass sie zu Anfang Begeisterungsfaktoren sind: Für den Kunden ist diese Leistung zunächst neu, unerwartet und darum attraktiv. Je mehr Unternehmen jedoch denselben Service anbieten und je mehr Käufer davon Gebrauch machen, desto mehr sinkt die Kundenkarte zum Leistungs- und schließlich zum bloßen Basisfaktor ab. Ab einem bestimmten Grad der Marktsättigung wird es als selbstverständlich vorausgesetzt, dass ein Unternehmen den entsprechenden Service bietet; sonst kauft der Kunde gleich woanders.

Achtung, in allen zunächst innovativen Service-Ideen lauert die *Gefahr der Gewohnheit!* **Wird eine bestimmte Leistung immer wieder geboten, so enthält sie keinen Überraschungs- und damit keinen Begeisterungseffekt mehr, sondern wird als selbstverständlich vom Kunden verlangt. Ist der Kunde erst daran gewöhnt, so fordert er die Leistung vehement ein, selbst wenn sie ihn überhaupt nicht begeistert und er nur im Vergleich zu anderen Kunden nicht «zu kurz kommen» möchte.**

Das ist auch der Grund dafür, warum das Nachahmen von Serviceleistungen anderer im eigenen Unternehmen so gefährlich ist: Wer keine eigene Begeisterungsstrategie entwickelt hat und nur das eine oder andere kopiert, ist gezwungen, sich selbst immer wieder zu übertreffen, immer wieder eins draufzusetzen, um die Kunden doch noch irgendwie zu überraschen. Das kann auf Dauer nicht funktionieren, denn es führt zu einer ständig steigenden Arbeitsbelastung der Mitarbeiter! Es ist schlicht nicht möglich, immer wieder neue Serviceleistungen zu entwickeln, mit allem dazu gehörigen Zeit- und Kostenaufwand einzuführen, zu installieren und anschließend beizubehalten. Über kurz oder lang artet dies in Überforderung und Frustration der Mitarbeiter aus, wobei das eigentliche Ziel – nämlich Kunden zu begeistern und zur langfristigen Treue zu bewegen – verfehlt wird. Darin liegt vielleicht auch eine der Ursachen für die heute vielfach festzustellende Überlastung der Mitarbeiter in den Betrieben.

Das Gelbe vom Ei

Ein Gartencenter bot an einem Samstag Gutscheine an: Jeder, der für mindestens 100 Euro eingekauft hatte, erhielt einen Gutschein für eine kostenlose Tasse Kaffee im nahe gelegenen Bistro. Die Mehrzahl der Kunden freute sich über die Überraschung, aber es dauerte auch nicht lange, bis der erste Kunde auftauchte, der für 200 Euro eingekauft hatte und jetzt energisch *zwei* Gutscheine verlangte, als man ihm nur einen aushändigte. Der *Gewöhnungseffekt* trat also innerhalb kürzester Zeit – durch den entsprechend hohen Publikumsverkehr sogar schon am *selben* Tag – ein. Eine Ausgabe von mehreren Gutscheinen pro Person war an sich nicht vorgesehen, denn es war ja nur ein Mindest-, aber kein Höchsteinkaufswert pro Person festgelegt worden.

Die Mitarbeiter waren vorher geschult worden, in solchen Situationen auf der menschlichen statt auf der sachlichen Ebene zu reagieren. Anstatt auf Bedingungen für den Gutscheinerwerb hinzuweisen, sagte die Verkäuferin freundlich, aber mit dem Unterton der Enttäuschung: «Der Gutschein war von uns als nette Geste gedacht, um danke zu sagen. Wenn es Ihnen allerdings so wichtig ist, geben wir Ihnen gerne auch zwei Gutscheine.» Kunden wird meist in solchen Fällen bewusst, dass ihre Forderung im Grunde ein wenig unverschämt ist, winken dann plötzlich ab und sind schon mit einem Schein zufrieden. Wer jedoch darauf beharrte, erhielt zwei Gutscheine.

Es blieb im Gartencenter bei der Gutscheinausgabe an einem Samstag. Zu späteren Zeitpunkten startete man andere Service-Aktionen, um die Kunden immer wieder von neuem zu begeistern und keine Gewöhnung an bestimmte Leistungen aufkommen zu lassen.

Das Beispiel zeigt, wie schnell sich – insbesondere im Schnäppchenland Deutschland – Konsumenten an Leistungen gewöhnen können. Denn sie schwimmen ja, wie wir von Tante Emma wissen, permanent im Überfluss, der ganz nah an den Orten Aufrechnen, Neid, Ich-Brauch, Ich-Will, Anrecht und Selbstsucht vorbeifließt.

Das Beispiel zeigt auch, wie genau sich Unternehmen, die eine neue Serviceleistung – selbst eine kleine einmalige Überraschungsaktion – anbieten, die möglichen Reaktionen von Kunden im voraus überlegen müssen: Man will nur eine kleine Freude bereiten, und plötzlich fordern verärgerte Kunden, die mehr erwartet haben, aggressiv und lautstark «ihr Geschenk» ein – schlimmstenfalls so, dass gleich ein Tumult im Geschäft entsteht und auch noch andere Kunden von der negativen Stimmung angesteckt werden. Solche Situationen kann man nur auf der Beziehungs-, nicht auf der Sachebene lösen. Sie sollten vorher in einem praxisnahen Training durchgespielt werden, damit die Mitarbeiter souverän und freundlich reagieren und in Konfliktsituationen selbständig entscheiden können. Alle Beteiligten sollten sich auch darüber im Klaren sein, dass man mit Überraschungsaktionen niemals alle Kunden begeistern kann, sondern es stets eine Minderheit von Besuchern aus dem Egotal geben wird, die als Spaßbremsen auftreten. Es ist wichtig, dass die Mitarbeiter trotzdem nicht enttäuscht oder frustriert sind, sondern ihre Motivation und ihre Begeisterung für weitere Aktionen erhalten bleibt.

> «Wer sich um einen guten Kundenservice bemüht, meint immer noch, er muss es jedem zu jeder Zeit und in jeder Beziehung recht machen. Und das funktioniert nicht.»
>
> *(Kenneth Blanchard / Sheldon Bowles)*

Und noch etwas zeigt das Beispiel der Gutscheinaktion des Gartencenters:

Überraschungsaktionen, die die Kunden begeistern, erfordern keinen hohen Zeit-, Arbeits- oder Kostenaufwand. Gut eingefädelt, können sie praktisch während des laufenden Geschäfts durchgeführt werden. Sie haben zudem den erwünschten Nebeneffekt, neue Gesprächsanlässe zu schaffen und die Kommunikation mit den Kunden zu intensivieren.

Die richtigen Fragen stellen

Wie findet man nun Faktoren heraus, die Kunden begeistern? Ganz einfach, so könnte man denken, man führt eben *Kundenbefragungen* durch. Doch so leicht ist es leider nicht. Denn Kundenbefragungen verbleiben im Erfahrungshorizont des Käufers – dies schon darum, weil auch die Fragen den bisherigen Erfahrungshorizont des Unternehmens nicht verlassen. Auf die Frage «Was würde Sie begeistern?» weiß kein Kunde eine Antwort. Stattdessen lautet die übliche Antwort auf Befragungen: Es soll alles so bleiben wie bisher, nur besser, billiger, einfacher und schneller werden. Befragungen fördern entweder vermisste Basis- oder Leistungsfaktoren ans Licht oder sind unübersichtliche Wunschkataloge, deren Erfüllung das Unternehmen oft überfordern würde, ohne zu begeistern.

> «Hätte ich meine Kunden gefragt, was sie wollen, so hätten sie gesagt: eine schnellere Kutsche.» *(Henry Ford)*

Außerdem haben Kundenbefragungen einen weiteren entscheidenden Nachteil: Sie sind sehr *aufwendig*. Zuerst müssen Fragen formuliert und Fragebögen zum Ankreuzen und Ausfüllen entwickelt werden. Anschließend müssen die eingegangenen Bögen statistisch ausgewertet und interpretiert werden. Um dies konsequent nachzuhalten, fehlt es vielfach an Zeit in den Unternehmen. Meiner Erfahrung nach stapeln sich die Bögen bei der Hälfte der Unternehmen, die eine Fragebogenaktion durchgeführt haben, nachher ungelesen im Schrank, bis sie schließlich nach Jahren unausgewertet im Papierkorb landen. Nicht zu vergessen ist, dass auch Kunden den Aufwand scheuen, einen Fragebogen auszufüllen, und darum oft der Rücklauf gering und nicht repräsentativ ist.

Ein *Weltmeister in Kleinigkeiten* geht darum anders vor: Er zieht die wenig aufwendige Feldforschung einer aufwendigen Befragungsaktion vor. Eine Bäckerei beispielsweise befragt jeden Tag nur einen einzigen Kunden im Gespräch; auf diese Art können rund 200 Kunden pro Jahr nebenher ohne Aufwand befragt werden. Aus der kontinuierlichen Durchführung ergibt sich ein Spiegel der Kundenzufriedenheit, der es immerhin ermöglicht, schnell auf Defizite, die von Kunden wahrgenommen werden, zu reagieren.

Begeisterungsfaktoren können eher durch genaue *Beobachtung* der Kunden ermittelt werden: Stellen Kunden zum Beispiel immer wieder dieselben Fragen nach bestimmten Produkteigenschaften oder Dienstleistungen, die bisher nicht angeboten werden? Haben einzelne Kunden besondere Vorlieben, die Anlass für eine Überraschung sein könnten? Eine der zentralen Fragen lautet nicht: «Wie können wir das, was wir tun, noch besser tun?», sondern: «Warum tun wir das, was wir tun? Womit wollen wir mit unserem Unternehmen die Welt bereichern?» Die Antwort darauf offenbart, worin die *Einzigartigkeit* Ihres Unternehmens liegen könnte, und weist dann auch auf mögliche Begeisterungsfaktoren hin.

Kundenbefragungen sind sinnvoll, um den Bedarf der Kunden genauer zu erfassen, mögliche Defizite im Bereich von Basis- und Leistungsfaktoren aufzudecken und Reklamationen zu erkennen. Sie fördern jedoch keine Begeisterungsfaktoren zutage – weil Kunden sich einfach nicht vorstellen können, was sie begeistern könnte.

7. Neon-Reklame über Seinschein-City: Warum Marketing allein nichts bewirkt

Beine unter'n Bauch gestaucht,
Als Ölsardine missbraucht,
Bütterchen[1] in der Hand,
So fliegen wir über Billigland.

Inzwischen sitzen wir im Flugzeug nach Seinschein-City. Es ist – Sie ahnen es – ein Billigflug. Da wir nun das Kano-Modell kennen, wissen wir, dass bei unserem Flug eine im Preis inbegriffene Mahlzeit ein Begeisterungsfaktor wäre, der schlichtweg nicht angeboten wird. Wir beschränken uns auf den Basisfaktor des preisgünstigen Transportes und erwarten als Leistungsfaktor lediglich, dass auch unser Gepäck mit uns am Zielort eintrifft. Anders wäre es bei einem Flug zum Normalpreis gewesen: Da hätten wir kein Bütterchen mitgenommen, sondern erwartet, dass eine Mahlzeit als Leistungsfaktor im Preis enthalten ist.

In Seinschein-City angekommen, erkennen wir schon von weitem die blinkende Neon-Reklame, die uns in schillerndsten Farben überall entgegenleuchtet, Tag und Nacht. «Kauf mich», «greif zu», «heute im Sonderangebot», «mehr für Ihr Geld», «himmlischer Service», «traumhaftes Kundenparadies» – Werbeslogans wie diese sind auf großen elektronischen Tafeln mit bunten Abbildungen von reizvollen Produkten und glücklichen Konsumenten überall zu lesen. In keiner Stadt gibt es *mehr* Werbeagenturen und *mehr* Marketing als hier! In Seinschein-City können sich die Kontakter, Konzeptioner, Creative Directors, Designer und Werbetexter ungeniert austoben. Hier können sie ihrer Leidenschaft frönen, jeden Tag von neuem das Ei des Kolumbus zu entdecken: den *ultimativen* Werbeslogan, die

---

[1] Für alle Nicht-Ost-Westfalen: Ein Bütterchen ist ein Brot, das dessen Inhaber/ Verzehrer selbst (!) mit Butter und Käse oder Wurst belegt hat; Neudeutsch auch «Sandwich» genannt

Super-Kampagne, die mit blumigsten Worten und verführerischsten Bildern endlich *alles* verkauft, sogar Eier legende Wollmilchsäue mit Flügeln und Schwimmflossen. Hier können die Werbeagenturen jeden Tag an der halbautomatischen Phrasendreschmaschine drehen und alt-neue Worte hervorzaubern, mit denen sich alles und nichts verkaufen lässt. Beeindruckt schauen wir uns in der Stadt um – und sind schon bald enttäuscht.

Ach, du dickes Ei!

Ein großes Hinweisschild mit den Worten «Wir sind Deutschlands freundlichster Baumarkt!» ziert nicht nur den Haupteingang eines Geschäfts, sondern ist sogar in überdimensionaler Größe auf dem Dach  des Gebäudes weithin sichtbar angebracht. Neben dem Schild sind ein sympathisch lächelnder Mitarbeiter in Arbeitskleidung und eine fröhliche Familie beim Einkauf abgebildet. Und am Eingang ist sogar ein roter Teppich ausgerollt, damit die Kunden sich gleich als VIPs fühlen. Alle Besucher sind gespannt: Was würde sie in diesem Baumarkt erwarten? Welcher einmalige Service würde ihnen hier geboten werden?

Doch wer das Geschäft betritt, ist bald enttäuscht: dieselbe unübersichtliche Warenanordnung, dieselben Sonderangebote, dieselbe schlechte Beratung der mit der Produktfülle überforderten Mitarbeiter, dieselbe muffige Bedienung wie in anderen Baumärkten – mit einem Wort: *Nichts,* aber auch wirklich *rein gar nichts,* unterscheidet diesen Baumarkt von Hunderten anderer Wettbewerber!

Wer die Trauben so hoch hängt, darf sich nicht wundern, wenn die Kunden am Ende enttäuscht sind. Wer erstklassigen Service ankündigt, und das auch noch per unübersehbarer Werbung, der muss wirklich etwas Herausragendes bieten, der *muss* begeistern – oder er wird die Kunden regelrecht aus dem Laden treiben.

So wie im Baumarkt geht es uns auch in anderen Geschäften: blumige Werbefloskeln, denen die Realität weit hinterherhinkt. Überall werden hohe Erwartungen geschürt, die dann nicht eingehalten werden. Offenbar halten die Unternehmen und die von ihnen beauftragten Werbeagenturen in Seinschein-City die Käufer für eine hirnlose

Herde, die man mit allgegenwärtiger Werbeberieselung zum Kauf verführen kann – geradeso wie man Hühner in Legebatterien mit entsprechender Lichtberieselung zum Eierlegen bringen kann.

Anhauen – Umhauen – Abhauen

Doch die Zeit der unmündigen Konsumenten ist lange vorüber! Längst sind wir durch Aufklärungssendungen im Fernsehen und in den Printmedien, durch eigene schlechte Erfahrungen mit vielen Produkten, durch Blogs im Internet, durch Mogelpackungen usw. auf potenziellen Betrug geimpft – und legen keine Eier auf Kommando mehr. Denn wir haben gelernt: Kaufen funktioniert oft nach der Methode *Anhauen – Umhauen – Abhauen*. So kommt es zum Beispiel immer wieder vor, dass Neukunden besser als Stammkunden behandelt werden. Potenzielle Neukunden werden umworben, doch sind sie erst zu Stammkunden geworden, dann schenkt man ihnen keine Aufmerksamkeit mehr: Es wird an allen Ecken gespart, der Kunde muss sich in die regelorientierte Maschinerei des Unternehmens einfügen und wird an der kurzen Leine geführt, und die Mitarbeiter gebärden sich wie arrogante Zombies. Die Stammkunden fühlen sich vernachlässigt oder sogar schikaniert und wechseln zum nächsten Anbieter – der sie wiederum mit schönen Werbeversprechen einfängt. Das ganze Spiel beginnt von vorne. Vielleicht ist auch darum heute so viel Werbung nötig, weil es nicht gelingt, Kunden längerfristig zu treuen Käufern zu machen.

Ach, du dickes Ei!

Die Politik der Stammkunden-Vergraulung bei gleichzeitiger Neukunden-Umgarnung wird derzeit intensiv in der Finanzdienstleistungsbranche betrieben. Da werden Neukunden mit deutlich höheren Habenzinsen zur Eröffnung von Tagegeldkonten gelockt, als man sie den Stammkunden einräumt; das ist der Luxusdampfer zur Sireneninsel. Wer zum Kunden geworden ist, darf an den nächsten Runden der schon bald folgenden Zinserhöhungen aber nicht mehr teilnehmen. Er darf das

Luxusschiff fortan nicht mehr buchen und sitzt auf der Insel fest, auf die er mit den trügerischen Gesängen der Sirenen gelockt wurde. Eindeutig wird kommuniziert: Höhere Zinsen gelten nur für Kunden, die *erstmals* einen Vertrag mit der Bank abschließen. So ist der Kunde gezwungen, für ein paar Prozent mehr Zins an den Geldhaien vorbei durch die Bankenwelt zu schwimmen, bis er zuletzt entkräftet und enttäuscht wieder auf seiner einsamen Rückzugsinsel landet.

Das Vertrauen in die Unternehmenswelt ist von Seiten der Verbraucher schon lange grundlegend erschüttert, die Erwartungen der Käufer am Gefrierpunkt angelangt. Daher begegnen wir all den Werbeslogans aus der Phrasendreschmaschine erst einmal skeptisch bis abwartend, denn meist steckt gar nichts dahinter und es ist alles nur hohles Wortgeklimper.

Menscherlebnis geht vor Marketingerlebnis! Kundenbegeisterung lässt sich nicht durch Werbebotschaften ersetzen. Wer den Botschaften keine Taten folgen lässt, enttäuscht die Kunden und schadet seinem Unternehmen selbst letztlich mehr, als er ihm nützt.

Im Hinblick auf Begeisterungsfaktoren sollten Unternehmen erst einmal zurückhaltend sein mit Werbebotschaften. Wer sich noch keine Gedanken darüber gemacht hat, wie er seine Kunden begeistern kann, der sollte auf großspurige werbliche Versprechen vollkommen verzichten, um sich nicht selbst zu schaden und die Kunden nicht zu vergraulen. Werblich kommunizieren lassen sich am ehesten Basis- und Leistungsfaktoren, aber selten Begeisterungsfaktoren. Wer es dennoch tut, sollte sich einerseits darüber im Klaren sein, dass er die Erwartungen der Käufer damit *extrem hoch* ansetzt und auf keinen Fall enttäuschen darf. Andererseits bedarf es auch eines gewissen Geschicks in der Werbung, um das Überraschungselement einer Begeisterungsaktion nicht schon im vorhinein zu verraten. Hier ist die *Bikini-Strategie* richtig: wenig zeigen und viel verhüllen, um Neugier zu wecken und Leute ins Geschäft zu locken, ohne dass sie schon konkret wissen, was sie erwartet.

Wir verlassen Seinschein-City, um in Zukunft ihren Werbeverführungen nicht mehr zu erliegen. Denn wir wissen jetzt, dass fehlende Kundenbegeisterung und fehlende Kundentreue nicht durch noch raffiniertere Werbung ersetzt werden können. Auf dem kürzesten Weg begeben wir uns nach Lustheim.

3. Teil

Streiflichter aus Lustheim –
Was Kunden am meisten schätzen

Im dritten Teil des Buches lernen wir Lustheim kennen, einen wunderschönen Ort, in dem fast nur glückliche Menschen und begeisterte Kunden wohnen. Wir lernen das «Geheimnis» kennen, das die Menschen in diesem Ort beflügelt.

Außerdem erfahren wir, wie Unternehmen tolle Überraschungen inszenieren und ihren Kunden aufregende Geschichten erzählen.

Und wir schauen uns kunterbunte Eier an, die uns in Lustheim überall entgegenrollen.

8. Drei Zauberworte zum Herzen des Kunden

In Lustheim, einer sympathischen Kleinstadt, treffen wir auf viele glückliche Menschen, die als Käufer jeden Tag das bekommen, was sie sich am meisten wünschen. Was genau ist das? Wir schauen uns in den Unternehmen um, und schon bald wird uns klar, was Lustheim so lustvoll macht:

- Die Konsumenten werden freundlich bedient.
- Sie werden individuell betreut.
- Sie haben immer persönliche Ansprechpartner bei allen Anliegen.
- Die Geschäftsräume sind sauber und ordentlich.
- Die Aufträge werden richtig und vollständig ausgeführt.
- Über Terminzusagen, die nicht eingehalten werden können, werden die Käufer rechtzeitig informiert.
- Rechnungen sind verständlich formuliert.
- Zugesagte Rückrufe werden eingehalten.
- Die Mitarbeiter im Kundenkontakt zeigen umfassende Servicebereitschaft.
- Die Öffnungszeiten richten sich nach den Wünschen der Kunden. Stammkunden werden namentlich angesprochen.
- Die Bedienung an der Kasse erfolgt zügig.

Fast glauben wir, nach all den schlechten Erlebnissen zuvor jetzt im Märchenland angekommen zu sein: überall strahlende Gesichter und leuchtende Augen, und das sowohl bei den Kunden als auch bei den Mitarbeitern der Unternehmen! Wir können es gar nicht fassen, doch das *Deutsche Kundenbarometer* versichert uns, dass es in über 90 Prozent der Fälle genauso in Lustheim zugeht.

Dieses Geheimnis wollen wir genauer erkunden. Woran liegt es, dass Kunden wie Unternehmen in Lustheim gleichermaßen *begeistert* sind? Gibt es einen gemeinsamen Nenner, der sich hinter all den funktionierenden Serviceleistungen verbirgt? Es gibt ihn! Schon bald erfahren wir, dass das Erfolgsgeheimnis, dass die Menschen in

Lustheim beflügelt, auf drei Dingen beruht: *Aufmerksamkeit, Anerkennung* und *Wertschätzung*. Und diese, so wird uns versichert, erhalten nicht nur die Kunden, sondern auch die Mitarbeiter in den Unternehmen für ihre Arbeit, weshalb sie sie gerne weitergeben. So entsteht ein positiver Kreislauf, ein Engelskreis.

> «Die Aufmerksamkeit ist das Gedächtnis des Herzens.»
> *(Französische Redensart)*

Kunden kaufen vor allem gute Gefühle. Wenn sie wie Menschen anstatt wie Geldzahlmaschinen behandelt werden, kommen sie gerne wieder. Daher stimmen auch in Lustheim im Gegensatz zu anderen Orten auf unserer Landkarte die Umsätze. In den Marterbergen, in Seinschein-City, auf der Konfus- und der Sireneninsel sowie im Egotal sind viele Unternehmen schon so pleite, dass sie ihren Kunden noch nicht einmal mehr ein Lächeln schenken können. In Lustheim hingegen wird den Kunden noch viel mehr geschenkt, nämlich Glaubwürdigkeit, Vertrauen, Verbindlichkeit und Freude. Das hat auch schon Tante Emma gewusst, als sie uns von den Begeisterungs-Werten Zuverlässigkeit, Aufrichtigkeit, Fairness und Liebe erzählte.

 **Kundenbegeisterung beginnt damit, dass dem Kunden Aufmerksamkeit geschenkt und Wertschätzung entgegengebracht wird. Kommen diese wirklich von Herzen, so ergeben sich daraus beinahe von selbst Verhaltensweisen gegenüber Kunden, die dazu beitragen, ihre Bedürfnisse und Wünsche besser zu erfüllen.**

Reklamationen mühelos bearbeiten

Aufmerksamkeit und Wertschätzung sind elementare Bedürfnisse des Menschen. Sind sie erfüllt, so kommen die Kunden gerne wieder, und das sogar dann, wenn es mit einer Leistung einmal nicht optimal geklappt hat. Auch in Lustheim kommt es wie in anderen Orten vor, dass Kunden sich beschweren. Die Gründe sind überall die gleichen:

- 57 Prozent der Kunden beschweren sich über Produktmängel.
- Mit dem Serviceverhalten der Mitarbeiter sind 16 Prozent nicht zufrieden.
- 15 Prozent reklamieren Mängel bei der Lieferung oder Montage, und
- Preis oder Rechnung sind in 8 Prozent der Fälle Grund der Beanstandung.

Diese Gründe liegen auf der Sachebene, doch daneben gibt es die *Beziehungsebene,* die bei jeder Reklamation mindestens eine genauso wichtige Rolle spielt. Die Beziehungsebene betrifft die negativen Gefühle, die der Kunde während des Prozesses erlebt hat. Er fühlt sich zum Beispiel missachtet, ignoriert, arrogant behandelt, über den Tisch gezogen oder mit seinem Anliegen nicht ernst genommen; darüber ist er verärgert oder wütend. Die schlechten Gefühle, die man ihm mitsamt der Ware «verkauft» hat, wiegen in seinen Augen oft schwerer als die Mängel auf der sachlichen Ebene. Darum können Reklamationen auch auf der Beziehungsebene am leichtesten bearbeitet werden: Bringt man im Unternehmen dem Kunden Anerkennung und Wertschätzung entgegen und signalisiert ihm damit, dass man ihm gegenüber grundsätzlich eine *positive innere Einstellung* hat, so ist dies der erste wichtige Schritt zur Wiedergutmachung; folgt dann noch die Beseitigung des sachlichen Mangels, so ist der Kunde nicht nur zufrieden, sondern wird in 54 bis 70 Prozent der Fälle sogar zum treuen Stammkunden, bei schneller Reaktion sogar in 95 Prozent der Fälle. In Lustheim weiß man: Die Kosten für die Rückgewinnung eines unzufriedenen Kunden sind nur halb so hoch wie die Kosten für die Gewinnung eines neuen Kunden; deshalb werden Beschwerden gerne entgegengenommen.

> «Der Wunsch nach Anerkennung macht aus aufbauenden Worten Wolkenkratzer.» *(Ernst Ferstl)*

In Lustheim haben die Kunden keine Hemmungen zu reklamieren. Sie wissen, dass sie bei den Unternehmen immer ein offenes Ohr finden, ja dass diese manche Reklamationen sogar regelrecht begrüßen, weil es für sie kostenlose Unternehmensberatung, Frühwarnsystem, Chancen- und Ideengebung zugleich ist: Sie erfahren auf diese Weise rechtzeitig von den Fehlern und Unzulänglichkeiten bestimmter Produkte und können sie abstellen, bevor sie sich zu häufen beginnen und eine Beschwerdelawine losbricht.

Anders sieht es außerhalb Lustheims aus. Dort wissen die Kunden: Beschwerden werden oft völlig ignoriert, es gibt keine festen Ansprechpartner dafür, sie müssen sich durch das Unternehmen hindurchfragen und -telefonieren, bis sie endlich jemanden gefunden haben, der ihnen sein Ohr leiht, und sie müssen damit rechnen, angemeckert zu werden, so dass ihre Beschwerde ergebnislos im Sand verläuft. Unzufriedene Kunden wägen also genauestens Vor- und Nachteile einer Beschwerde ab und reklamieren nur dann, wenn sich der damit verbundene Aufwand für sie lohnen könnte. Daher beschweren sich auch nur vier Prozent aller Kunden, während 96 Prozent der Kunden stumm bleiben, ihre Konsequenzen ziehen und zum überwiegenden Teil nie wieder bei dem betreffenden Unternehmen kaufen.

«Wenn ein Kunde sich beschwert, wissen Sie, dass er unzufrieden ist. Hören Sie gut zu. Wenn ein Kunde von Ihrem Service begeistert ist und das ausdrückt, dann hören Sie ihm auch zu. Wenn ein Kunde aber schweigt oder höflich lächelnd okay sagt, dann müssen Sie wirklich die Ohren spitzen. Irgendetwas ist nicht in Ordnung, und zumindest dieser Kunde gehört nicht zu Ihren begeisterten Fans.» *(Kenneth Blanchard / Sheldon Bowles)*

Beschwerden zu vermeiden oder unter den Teppich kehren zu wollen, ist illusorisch, denn selbst wenn die Kundenzufriedenheit insgesamt hoch ist, kann es vorkommen, dass dies in Einzelfällen anders ist. Kunden müssen sich beschweren können. Mit einem kleinen, aber ausdrücklichen Hinweis, dass jede Reklamation bearbeitet wird, gibt ein Unternehmen den Kunden zu verstehen, dass es deren Wünsche ernst nimmt.

Das Gelbe vom Ei

Für Rank Xerox ist der zentrale Punkt im Kundenmanagement die Reklamation. Mitarbeiter müssen jede Reklamation innerhalb von 48 Stunden bearbeitet haben; gelingt dies nicht, wird sie zum nächsthöheren Vorgesetzten weitergeleitet. Auf diese Weise gelangt die eine oder andere Beschwerde bis zum Geschäftsführer. Mit dieser Regelung ist es Rank Xerox gelungen, die Anzahl erfolgreich bearbeiteter Reklamationen innerhalb von sieben Jahren von 10 auf 90 Prozent zu steigern.

Schlimmer als der Fehler, der zur Reklamation geführt hat, kann eine unprofessionelle Abwicklung sein. Deshalb ist neben der fachlichen Kompetenz der geschickte Umgang mit den reklamierenden Kunden essenziell. Dies lässt sich am besten durch Trainings üben. Wichtig ist dabei, dass Mitarbeiter eine Reklamation niemals persönlich nehmen, auch wenn ein Kunde aggressiv und emotional auftritt. Oft klafft eine Lücke in der Wahrnehmung, wenn Erwartungen tatsächlich oder scheinbar nicht erfüllt wurden. Daher müssen zuerst die Fakten geklärt werden:

- War das Angebot möglicherweise nicht eindeutig formuliert?
- Hat der Kunde das Angebot nicht aufmerksam genug gelesen?
- Wurde dem Kunden vielleicht zu viel versprochen?

Der Empfänger der Reklamation sollte Verantwortung übernehmen, auch wenn er nicht der Verursacher war. Er repräsentiert für den Beschwerdeführer das Unternehmen und sollte sich *sofort* um die Erledigung kümmern. Hilfreich ist, wenn dafür im Unternehmen ein roter Faden für Reklamationsgespräche erarbeitet wird.

Anstatt als Ärgernis, dem man möglichst wenig Aufmerksamkeit schenkt, sollten Sie Reklamationen als Chancen zur langfristigen Kundentreue und eventuell sogar zur Verbesserung Ihrer Produkte sehen und nutzen. Wird neben der Behebung der *sachlichen* Mängel dem Kunden vor allem auf der *emotionalen* Ebene gezeigt, dass man sein Anliegen ernst nimmt und ihn wertschätzt, so können aus unzufriedenen sogar leicht begeisterte Kunden werden.

Durchschnittliche Reklamationen können kundenorientiert meist positiv beendet werden; schwieriger sind jedoch Spezialfälle, die an den Nerven der Mitarbeiter zerren, weil sie zwischen den Bedürfnissen des Kunden und des Unternehmens aufgerieben werden. Gerade in solchen Fällen ist es wichtig, dass Vorgesetzte ihren Mitarbeitern den Rücken stärken, wenn zum Beispiel ein Dauernörgler oder Querulant auftaucht, der auf überzogenen Forderungen besteht und nicht zufriedengestellt werden kann. Manchmal kann es durchaus angebracht sein, sich zugunsten motivierter Mitarbeiter auch einmal von einem solchen Kunden zu trennen.

Das Gelbe vom Ei

Die Kundin einer Fleischerei reklamiert regelmäßig den teuren Rinderbraten, und zwar bevorzugt vor Publikum, wenn gerade viele Kunden im Laden sind. Die Mitarbeiterinnen sind mittlerweile frustriert und wollen nicht mehr nach der hausinternen Reklamationsregel immer wieder nach- und somit der Kundin Recht geben. Auch die Chefin ist der Ansicht, dass es so nicht weitergehen kann.

Der Fall wird im Team besprochen und schließlich entscheidet die Chefin nach Abwägen verschiedener Möglichkeiten: Sie will sich und das Team schützen und auf diese Kundin in Zukunft verzichten. Eine so tiefgreifende Entscheidung wie diese ist immer Chefsache. Zusammen werden im Team Strategien für den Umgang mit Reklamationen erarbeitet und Gesprächsabläufe trainiert.

Als die Kundin das nächste Mal wieder Forderungen stellt, wird die Chefin gerufen. Obwohl die Kundin wieder mit einem vorgeschobenen Grund reklamiert, erhält sie ein Ersatzstück. Aber diesmal überrascht die Chefin die Kundin mit den Worten: «Frau Bruns, ich bringe Ihnen die Ware heute einmal persönlich.» Sie begleitet die Kundin aus dem Geschäft zum Auto und erklärt ihr: «Frau Bruns, wir haben gemerkt, dass wir Ihnen nicht die Ware bieten können, die Sie haben möchten. Das ist für Sie ärgerlich und für uns. Da wir nicht zusammenpassen, haben wir uns überlegt, dass Sie heute das letzte Mal bei uns eingekauft haben. Unser Kollege Wühlscheid ist vielleicht in diesem Punkt besser. Deswegen meine deutliche Bitte an Sie: Kaufen Sie nicht mehr bei uns ein.» Die

Chefin übergibt der Kundin die Einkaufstasche mit den Worten «Danke für Ihr Verständnis» und geht.

Dieses Vorgehen erforderte Mut, war aber nach Ansicht aller im Unternehmen die einzig vernünftige Möglichkeit, mit der Situation umzugehen.

9. Einzigartige Erlebnisse für Kunden inszenieren

Kunden überraschen, verblüffen und begeistern

Mit kleinen Aufmerksamkeiten, so lernen wir in Lustheim, lassen sich Kunden überraschen und begeistern. Damit die Überraschung gelingt und die Dinge auf eine Weise geschehen können, die der Kunde nicht erwartet hat, ist eine *Inszenierung* erforderlich. Erst durch die Inszenierung wird der Kauf zu einem besonderen Erlebnis: Der Kunde wird emotional berührt, er erlebt etwas Außergewöhnliches und Unerwartetes – etwas, das ihn verblüfft und von dem er möglicherweise auch anderen weitererzählt.

Vieles ist heute Standard und langweilig bis zum Umfallen. Kaufprozesse laufen praktisch überall in immer gleicher Weise ab, wobei es gleichgültig ist, ob es sich um Produkte oder Dienstleistungen, um den Business-to-Business- oder den Business-to-Consumer-Bereich handelt. Der Endverbraucher schnappt sich im Geschäft seinen Einkaufswagen, läuft durch die Regale, fragt eine Verkäuferin, lädt die Ware in den Wagen, bezahlt und geht – ein immer gleich ablaufender Vorgang, bei dem sich bestenfalls noch die Geräuschtapete der Musikberieselung im Hintergrund von Geschäft zu Geschäft unterscheidet. Nicht anders ist es bei Geschäftskunden, die eine Dienstleistung kaufen wollen: Firma anrufen, Beratungstermin vereinbaren, Leistung mit dem Verkäufer besprechen, Leistung bestellen, Leistung entgegennehmen, Geld überweisen – fertig. In den meisten Kaufprozessen liegt *null* Überraschung, *null* Begeisterung. Wie oft wird man in Hotels vom Empfangspersonal mit derselben monotonen Begrüßung empfangen? Wie viele Autoverkäufer wickeln Verkaufsgespräche stets auf die gleiche Weise ab? Wie viele Restaurants schleusen Kunden immer wieder durch denselben Ablauf? Oft wirken die Mitarbeiter schon wie halbautomatische Roboter, wenn sie ihre Routineabläufe abspulen.

Das Ganze wird noch dadurch auf die Spitze getrieben, dass viele Unternehmen in wachsendem Maße bestrebt sind, ihre Prozesse effizienter zu gestalten. Das bedeutet: Der Kontakt mit den Kunden wird auf ein Minimum reduziert, damit sie möglichst reibungslos und «berührungsfrei» durch die regelorientierte Maschinerie oder Bürokratie Richtung Kasse geschleust werden können und die Mitarbeiter dabei möglichst wenig Zeit mit ihnen verbringen müssen. Die Kehrseite der Medaille ist: Kunden wenden ihrerseits immer weniger Zeit für die Unternehmen auf, bei denen sie kaufen wollen. Sie halten sich lieber an Orten auf, die einen größeren Zeitaufwand wert sind, an denen sie sich wohlfühlen, sich unterhalten, etwas erleben oder lernen können. Die täglichen Versprechen vom «Einkaufserlebnis» mit all den bunten Bildern von super-glücklichen, strahlenden Konsumenten, die mit leuchtenden Augen ihre Produkte dem Betrachter entgegenhalten, haben viele Kunden längst als verlogene Reklame aus Seinschein-City entlarvt.

Kein Zweifel: Kaufen ist heute vielfach *Langeweile pur!* Viele Kunden sind längst schon nach Gähnheim und Schnarchhausen ausgewandert, weil sie sich an den vielen Durchschnittseiern, die man ihnen jeden Tag von neuem vorsetzt, satt gegessen haben. Glücklicher sind da die Kunden in Lustheim, denn sie erwarten jeden Tag neue lustvolle Überraschungen – bunte Eier mit immer wieder neuen Mustern und Farben.

Unter Inszenierung versteht man die Verpackung des Kaufprozesses oder eines Produktes bzw. einer Dienstleistung in ein *Erlebnis,* in das der Kunde auf einprägsame Art aktiv miteinbezogen wird.

Die Inszenierung hat viele Vorteile:

- Sie beugt der Schwierigkeit vor, dass man sich im Service dauernd selbst übertreffen muss, denn auch gleiche Abläufe lassen sich immer wieder anders in Szene setzen, ohne dass man neue Serviceleistungen erfinden oder einführen muss.
- Standardisierte Massenprodukte, die im Prinzip in vielen Geschäften erhältlich und austauschbar sind, lassen sich durch eine

gelungene Verkaufsinszenierung für die Kunden individualisieren. So wird der Kauf zu einem persönlichen Erlebnis, selbst wenn das Produkt selbst nichts Besonderes ist.

- Geschickte Inszenierung von Verkaufsprozessen verleiht einem Unternehmen Einzigartigkeit und macht es zu einem bunten Ei, durch das es sich von Wettbewerbern abheben kann.
- Inszenierung ist nicht aufwendig: Es kommt im Wesentlichen auf die richtige Wortwahl und die konzentrierte Aufmerksamkeit für den Kunden an. Dies lässt sich trainieren.
- Durch Inszenierung lassen sich sogar unangenehme Elemente eines Verkaufsprozesses in spannende Erlebnisse verwandeln, die allen Beteiligten Spaß machen.

Das Gelbe vom Ei

Als besonders unbeliebt gelten bei Mitarbeitern vom Chef angeordnete Zusatzverkäufe. Es sind gewisse Restbestände vorhanden, und die werden nun in Kassennähe postiert, wobei die Kassiererinnen und Verkäuferinnen angewiesen werden, die Kunden auf diese Ware aufmerksam zu machen. Üblicherweise werden dabei immer dieselben Fragen gestellt, zum Beispiel: «Möchten Sie noch eine Tüte Dünger mitnehmen?» Und üblicherweise antworten Kunden schon reflexhaft darauf mit Nein, weil sie diese Art von Fragen in Kassennähe kennen, sich nichts andrehen lassen wollen und als Konsumenten sowieso gesättigt sind. Die Folge: Der Verkauf ist zäh wie Kaugummi und die Ware liegt wochenlang wie Blei an der Kasse.

Doch das lässt sich mit ein wenig Inszenierung schnell ändern. Statt jeden Kunden an der Kasse dasselbe zu fragen, geht eine Verkäuferin auf einen Kunden zu, den sie vor wenigen Minuten bedient hat. Sie winkt den Kunden mit gedämpfter Stimme zur nebenstehenden Palette Dünger heran. «Ich habe da noch etwas ganz Besonderes für Ihren Rasen», fügt sie beinahe im Flüsterton hinzu, «dieser Dünger ist heute im Angebot». Schon werden die anderen Kunden in der Nähe aufmerksam: Was wird da geflüstert? Bekommt jemand anderes dort etwas, das ich nicht auch haben könnte? Die Neugier ist geweckt, nun erkundigen sich auch die anderen Kunden, was es mit dem Dünger auf sich hat, und die

Verkäuferin gibt gerne Auskunft. Es entsteht der Eindruck, bei dem Dünger handele es sich um etwas Außergewöhnliches. Jeder will nun plötzlich eine Tüte mitnehmen, weil er auch profitieren möchte. So entsteht durch geschickte Inszenierung von allein ein *Verkaufssog* bei den Kunden, anstatt dass mit Druck verkauft werden muss.

Vielleicht haben Sie Bedenken, den Verkaufsprozess oder Teile davon zu inszenieren, weil Sie sich innerlich dagegen wehren, «Theater zu spielen». Bedenken Sie: In den Augen des Kunden ist jeder Verkaufsakt eine Inszenierung – die Frage ist nur, ob positiver oder negativer Art. Die einfachste Methode, um Service in ein «Erlebnis» zu verwandeln, besteht darin, ihn mangelhaft auszuführen und eine einprägsame Begegnung unangenehmer Art zu schaffen.

Ein Angestellter im Supermarkt zum Beispiel, der sich über den Kopf eines Kunden hinweg mit seinem Kollegen im nächsten Gang darüber unterhält, was er nach der Arbeit unternehmen wird, tut vielleicht seiner Ansicht nach nichts Bedeutsames. Doch in den Augen des Kunden könnte dies eine Inszenierung von Gleichgültigkeit und Desinteresse sein. Mögliche innere Bewertungen des Kunden: «Ich werde hier vollkommen übersehen und mit meinen Bedürfnissen nicht wahrgenommen.» Oder: «Die Arbeit in diesem Laden ist so langweilig, dass sich die Angestellten schon während der Arbeitszeit über den Feierabend unterhalten.» Hat der Kunde zuvor schon einige negative Erlebnisse im selben Geschäft gehabt, so ist diese schlechte Inszenierung möglicherweise der letzte kleine Tropfen, der das Fass zum Überlaufen und den Kunden zum Wechsel des Anbieters bewegt.

Nicht-Inszenierung ist auch eine Art von Inszenierung! Bei einer gelungenen und bewussten Inszenierung wird im voraus festgelegt, was auf der Bühne des Verkaufs und was hinter den Kulissen außerhalb der Reichweite des Kunden geschehen soll.

Immer wieder stellt man fest, dass die Mitarbeiter im Verkauf das Verkaufen gar nicht gelernt haben. Auf Nachfrage heißt es oft: «Das habe ich mir selbst beigebracht.» Für nahezu alle Berufe gibt es Ausbildungen, aber nicht für das Verkaufen. Ausgerechnet diejenige Tätigkeit, die am meisten zum Unternehmenserfolg beiträgt, wird oft dem Zufall überlassen. Kein Wunder, dass die Verkaufsprozesse häufig so unbefriedigend für alle Beteiligten ablaufen und die Kunden die Aufführungen als Schmierenkomödien anstatt als bühnenreifes Theater empfinden. Das *Üben* des Verkaufsprozesses mit all seinen Facetten ist eine der wichtigsten Voraussetzungen für den Erfolg. Das gilt natürlich erst recht für Inszenierungen.

So wie Schauspieler jedes Theaterstück unzählige Male üben, bis sie es auf der Bühne vor Publikum aufführen, so sollte auch eine Verkaufsinszenierung zuvor in Rollenspielen immer wieder trainiert werden, bis sie «sitzt». Und so, wie nicht jedes Stück zu jedem Theaterprogramm passt, muss im Mitarbeiterteam festgelegt werden, welche Verkaufsinszenierungen zum Unternehmen und seinem Profil passen. Und genauso wie Schauspieler nicht jede Rolle spielen, sollten auch die Mitarbeiter im Unternehmen ihre Rollen nach ihren individuellen Stärken spielen dürfen.

Für eine gelungene Inszenierung bedarf es genau wie bei einem Theaterstück eines *Drehbuchs,* in dem Ort, Dauer, Ziel und beabsichtigte Wirkung, Darsteller und Requisiten schriftlich festgehalten werden. Das Drehbuch dient als Trainingsgrundlage und stellt sicher, dass das Stück stets in der gleichen Weise aufgeführt wird, damit die Wirkung erhalten bleibt, und dass bei einem Rollenwechsel der Mitarbeiter nichts schiefgeht.

«Irgendwann wird die Gestaltung von Erlebnissen ein ebenso selbstverständlicher Teil des Wirtschaftslebens sein, wie es die Gestaltung von Produkten und Dienstleistungen heute ist. Die Anzeichen dafür, dass diese Wirtschaft bereits entsteht, sind überall zu sehen. In Restaurants und Einzelhandelsgeschäften, in Klassenzimmern und Parkgaragen bereiten Pionierunternehmen den Boden für die zukünftige Entwicklung.»

(B. Joseph Pine / James H. Gilmore)

Heute gibt es erst wenige Unternehmen, die sich trauen, Verkaufsprozesse konsequent zu inszenieren. Diejenigen, die es tun – kleine wie große –, sind damit sehr erfolgreich, weil sie den Mut haben, aus der Reihe der Durchschnittseier zu tanzen und den Kunden etwas Außergewöhnliches zu bieten.

Das Gelbe vom Ei

- Ein Fahrradhändler organisiert für Erstklässler ein kostenloses Sicherheitstraining, natürlich auf seinen Fahrradmodellen.
- Ein Baumarkt bietet Do-it-Yourself-Seminare für Einsteiger.
- Große Automobilhersteller wie VW, BMW und Mercedes bauen riesige Museen, zum Teil sogar ganze Autostädte, um die Automodelle und ihre Geschichte erlebbar zu machen.
- Eine Tankstelle führt den Tankwartservice wieder ein, weil viele Kunden die Selbstbedienung an der Zapfsäule leid sind.
- Ein freier Handelsvertreter hinterlässt im Vorzimmer bei den Damen des Sekretariats eine Packung Mon-Cheri. Beim nächsten Telefonat ruft er sich als «der Mon-Cheri-Mann» in Erinnerung und wird gleich durchgestellt, anstatt wie üblich abgewimmelt zu werden.
- Ein Wachmann bewirbt sich bei einem Sicherheitsservice, der derzeit keine Nachfrage nach neuen Mitarbeitern hat, mit einer witzigen Postkarte von Fußballern und dem Text: «Ich will heute keinen Auftrag, ich möchte nur auf Ihre Reservebank.» Nach drei bis vier weiteren schriftlichen Kontakten, in denen er mit originellen Texten auffällt, ruft er schließlich im Unternehmen an und sagt: «Ich sitze schon so lange auf der Reservebank. Aber auch der härteste Reservespieler braucht mal einen kleinen Einsatz, um nicht aus der Übung zu kommen. Daher heute meine Frage an Sie: Welchen kleinen Einsatz könnten Sie mir geben?» Inzwischen ist er im Unternehmen schon bekannt und hat mit seinen humorvollen Bewerbungen Vertrauen aufgebaut. Man denkt ernsthaft darüber nach, wie man den Wachmann zumindest als Aushilfe zeitweise beschäftigen kann.

Die Beispiele zeigen: Mehr Inszenierung wäre praktisch in allen Bereichen des Wirtschaftslebens möglich, bis hin zur Bewerbung von Mitarbeitern. Überall bewirkt die gekonnte Inszenierung Positives: Man wird aufmerksam, man reagiert überrascht, und statt des üblichen «Nein danke, brauchen wir nicht, haben wir schon» beginnen sich die Türen zu öffnen, und es wird nachgedacht, wie man das Angebot nutzbringend einsetzen könnte.

Mehr Inszenierung wäre auch im Bereich der Produkte selbst möglich, doch bisher wagen nur wenige Unternehmen, ihre Produkte selbst in Szene zu setzen. Beispiele sind die bereits vorgestellten Überraschungseier von Ferrero, die Firma Red Bull mit ihrem gleichnamigen bekannten Soft-Drink, der durch seinen Erlebnischarakter («verleiht Flüüügel») hohe Aufmerksamkeit erfuhr und die heute durch das Sponsoring von Extremsport-Events auffällt, sowie die Privat-Fleischerei Reinert, die eine streichzarte Geflügelcreme für Kinder mit dem Begriff «Nutella der Fleischerei» belegte.

Auch die Verpackungen vieler Produkte und Dienstleistungen sind immer noch gähnend langweilig und austauschbar. Da finden sich in Hochglanzprospekten vielfach dieselben Phrasen und ähnliche Bilder – niemand guckt mehr hin, niemand liest mehr, was dort geschrieben steht. Wer die Prospekte von mehreren Unternehmen derselben Branche gelesen hat, kann sie nachher nicht mehr voneinander unterscheiden, vor allem aber kann er sich unter all den gleich aussehenden Eiern nicht für einen Anbieter entscheiden.

Das Gelbe vom Ei

Ein rühmliche Ausnahme in der Präsentation von Dienstleistungen ist der Trocknungsfachbetrieb Michael Grübel KG, der sich auf Wasserschadensanierung, Bautrocknung, Feuchtigkeitsmesstechnik und Schimmelpilz-Sanierung spezialisiert hat. Das Unternehmen hat sich konsequente Kundenorientierung auf die Fahnen geschrieben und ist 24 Stunden an 365 Tagen im Jahr bei Wasserschäden erreichbar. Der Betrieb hat eine Reihe von Preisen gewonnen, darunter den Handwerkspreis 2005 für erfolgreiches und innovatives unternehmerisches Engagement und eine mitarbeiterorientierte Unternehmenskultur sowie den Deutschen Internetpreis 2007 für eine herausragende Internetpräsentation im Deutschen Handwerk.

Wasserschäden sind nicht gerade ansehnlich. Bilder von vollgelaufenen Kellern, von Räumen, die mit grünem Schimmelpilz übersät sind, und von braunen Wänden mit Wasserflecken wirken auf Kunden ekelerregend und abstoßend und überzeugen daher nicht unbedingt von der Qualität einer Dienstleistung. Deshalb hat sich Grübel etwas Besonderes einfallen lassen: Die Prospektwerbung spielt auf humorvolle und zum Teil ironische Weise mit dem Element Wasser und setzt dies durch flotte, freche Sprüche in Szene. Da wird zum Beispiel ein Mitarbeiter des Unternehmens gezeigt, wie er gerade ein Baby trockenlegt, verbunden mit der Aussage: «Bei jeder Trocknung können Sie mit mir rechnen.» Oder es wird das Männeken Piss abgebildet, wobei an seinem Wasserstrahl steht: «Schauen Sie genau hin ... wodurch entsteht hier ein Wasserschaden?» Besonders beliebt ist die Prospektwerbung zu Weihnachten: Im Stall der Weihnachtskrippe befindet sich ein Gerät zur Bautrocknung, dessen Schläuche von den heiligen drei Königen getragen werden – Bildüberschrift: «Alles wird gut.» Oder es wird der Serviceleiter des Betriebs gezeigt, wie er friedlich schlummernd im Wasserbett liegt, dazu die Information: «Auf der Rückseite erfahren Sie, warum auch zu Weihnachten unser 24-h-Notdienst so gut funktioniert.»

Die Prospektwerbung ist immer gleich und übersichtlich aufgebaut: Es sind einzelne Blätter im DIN-A4-Format, die auf der Vorderseite witzige Abbildungen und Sprüche enthalten und auf der Rückseite aktuelle Informationen des Unternehmens über Leistungen, Öffnungszeiten, neue Niederlassungen usw. geben. Die gut inszenierte Werbung ist mittlerweile so beliebt, dass sie Sammelcharakter bekommen hat: Die Kunden reißen sich darum, in den Postverteiler aufgenommen zu werden, um immer die neuesten frechen Sprüche, Bilder und Informationen zu bekommen.

In Sachen Inszenierung besteht in vielen Unternehmen ein großer Nachholbedarf in allen Bereichen: Als positiv überraschendes Erlebnis können neben dem Serviceprozess des Verkaufs auch die Produkte und

Dienstleistungen selbst sowie deren Verpackung, zum Beispiel in Form von Prospektwerbung, in Szene gesetzt werden. Gelungene Inszenierungen begeistern die Kunden und machen Unternehmen zu bunten Eiern.

«In der entstehenden Erlebniswirtschaft müssen die Unternehmen erkennen, dass sie nicht Güter, sondern Erinnerungen erzeugen und nicht Dienstleistungen erbringen, sondern die Bühne für die Erzeugung größeren wirtschaftlichen Wertes bereiten. Es ist an der Zeit, die stilistischen Elemente zu einem fesselnden Theaterstück zusammenzufügen, denn Güter und Dienstleistungen sind nicht länger genug. Die Kunden wollen heute etwas erleben, und sie sind bereit, Eintritt dafür zu bezahlen.»

(B. Joseph Pine / James H. Gilmore)

Geschichten erzählen

Die Steigerung einer guten Inszenierung ist das Storytelling, das Erzählen von Geschichten rund um ein Produkt, eine Dienstleistung oder ein Unternehmen. Geschichten machen seit unseren Kindertagen unser Leben spannender und aufregender. Wir alle lieben Geschichten, ob wir es zugeben oder nicht. Oder warum schauen wir uns sonst so gerne Spielfilme im Kino, Fernsehen oder auf DVD an, warum sonst lesen wir Kurzgeschichten und Romane? Und warum kauft jemand einen mehr als 20 Jahre alten klapprigen Opel für 60.000 Euro? Weil ihn in früheren Jahren einmal der Papst gefahren hat und er darum «Geschichte» hat!

Geschichten, selbst wenn sie frei erfunden sind, fesseln unsere Aufmerksamkeit, verzaubern uns und erlauben uns für einen kurzen Augenblick, dem eintönigen Alltag zu entfliehen, um in eine andere, schönere, bessere Welt einzutauchen. Geschichten können uns bewegen, berühren, ergreifen oder begeistern – auf jeden Fall lassen sie uns nie kalt oder gleichgültig.

Rund um Produkte lassen sich hervorragend Geschichten erzählen, ja Produkte und Dienstleistungen werden durch Geschichten erst so recht lebendig. Stellen Sie sich vor, Sie gehen in eine Weinhandlung. Dort finden Sie eine Flasche mit der Aufschrift «Greco di Bianco, Dessertwein Italien, EUR 39,50». Da Sie kein Weinkenner sind, sagt Ihnen diese Beschriftung nichts, und Sie wissen nicht, ob Sie den Wein kaufen sollen oder nicht.

Ganz anders sähe es aus, wenn Sie folgende Geschichte zum Wein gelesen hätten: «Samtiger, üppiger Dessertwein mit verführerischem Orangenblüten-Aroma, aus der traditionsreichen Familien-Kellerei Antonio Rossi in Bianco (Süd-Kalabrien). Wird bei langer Lagerung trockener und duftiger. Der Jahrgang 2003 ist nach mehreren Jahren sorgfältiger Lagerung jetzt ausgeglichen und kann sofort getrunken werden.» Vor Ihrem geistigen Auge läuft nun ein Film ab: Sie sehen eine alte Winzerfamilie in den grünen Weinbergen, denken an den wunderschönen Sonnenuntergang bei Ihrem letzten Italien-Urlaub und die angenehme Wärme, wenn Sie auf Ihrer Terrasse sitzen und diesen Wein genießen. Ihnen läuft das Wasser im Munde zusammen. Sie sind mitten in Lustheim – und Sie kaufen den Wein!

Produkt-Storys kann man in allen Branchen erzählen. Man braucht dafür nur ein wenig Fachwissen, Fantasie, Begabung zum Texten und gegebenenfalls ein Drehbuch, wenn die Geschichte nicht schriftlich präsentiert, sondern im Verkaufsgespräch erzählt werden soll. Für das Storytelling eignen sich natürlich besonders Produkte und Firmen, die eine lange Tradition haben und sich dadurch von anderen Wettbewerbern unterscheiden – man denke zum Beispiel an die Werbung von Dallmayr-Kaffee, die nur eines tut: harmonisch den Verkauf von Kaffee zu inszenieren, wie er vor gut hundert Jahren abgelaufen ist und noch heute in den Dallmayr-Filialen abläuft.

Das Gelbe vom Ei

Eine Fleischerei macht die Wertigkeit ihrer Produkte – im Unterschied zur billigen Massenware der Großproduzenten – mit einer Geschichte greifbar. Besuchern wird ein uraltes, mit spitzer Feder in blauer Tinte beschriebenes Lederbuch gezeigt: das Rezepturbuch des Chefs für eine bestimmte Wurstsorte, gewissermaßen die «Bibel» des Unternehmens. Die Kunden erfahren, dass die Wurst 42 Tage lang reift, bevor sie verkauft werden kann, und zwar in einer riesigen Halle, die so groß ist wie 15 Fußballplätze.

Menschen *lieben* nicht nur Geschichten, sondern sie *kaufen* auch Geschichten, wenn ihnen Produkte in Verbindung mit Geschichten dargeboten werden. Geschichten entführen Kunden auf angenehme Art in eine schönere Welt, regen ihre Fantasie an und überzeugen sie, dass es sich um ein außergewöhnliches, werthaltiges Produkt oder Unternehmen, um ein buntes Ei, handelt.

Ein Unternehmen, das es versteht, den Verkauf immer wieder neu zu inszenieren, ist das Gartencenter Brockmeyer.

Gartencenter Brockmeyer –
ein buntes Ei in der Gartenbranche

Mehrfacher Gewinner bei Wettbewerben des Verbandes Deutscher Gartencenter, Sieger «Top-Gartencenter 2006» in Gold, Gewinner «Qualitätscheck 2007», Auszeichnung «Beste Zimmerpflanzenabteilung Deutschlands 2007», «Fachgartencenter Nr. 1 in Deutschland» – allein die Liste der erworbenen Preise füllt eine ganze Seite. Dazu ist das Unternehmen erstes und einziges nach ISO 9001:2000 zertifiziertes Gartencenter in Deutschland.

«Die Geschichte von Silke und Henry Brockmeyer zeigt, dass man auch in der heutigen Zeit im Bereich Gartencenter ohne die Kapitalstärke von Konzernen im Rücken ganz von vorne beginnen und sich in einem guten Jahrzehnt durch Zielstrebigkeit und Professionalität in die Spitze der Branche hocharbeiten kann. Moderne Architektur, übersichtliche Wegeführung, trendorientierte Darstellung und kundenfreundliche Präsentation der Sortimente sind verbunden mit einem durchdachten Angebot an Dienstleistungen und vielen Details in der Kundenansprache», so begründet die Jury der Zeitschrift «Grüner Markt» die Preisverleihung als Top-Gartencenter 2006.

Das Unternehmen wurde 1994 von der Floristikmeisterin Silke Brockmeyer und dem Gärtnermeister Henry Brockmeyer gegründet und startete zunächst in einem 1500 Quadratmeter großen Produktionsgewächshaus auf Pachtbasis. Neun Jahre später zog das Unternehmen in einen Neubau auf einer Fläche von 35.000 Quadratmeter Fläche um, davon 10.000 Quadratmeter Verkaufs- und Präsentationsfläche; ein Parkplatz mit 200 kostenfreien Parkplätzen gehört mit zum Unternehmen. Heute hat Brockmeyer 38 Mitarbeiter, davon 28 Vollzeitkräfte, und zusätzlich zwei Auszubildende. Zwar ist die Gartenbranche insgesamt im Aufwind, doch Brockmeyer wächst noch schneller als der Branchendurchschnitt, obwohl sich das Unternehmen in der ländlichen Region Westfalens, in der es angesiedelt ist, durchaus gegen zahlreiche Konkurrenten durchsetzen muss. Allein hundert Blumengeschäfte, ein Discounter und mehrere Baumärkte mit Gartenabteilungen befinden sich im Einzugsgebiet. Was unterscheidet das Gartencenter Brockmeyer von anderen Unternehmen der Branche?

Von Anfang an hat sich Brockmeyer mehr Gedanken über die Kunden und ihre Bedürfnisse gemacht als andere Unternehmen. «Die eine Hälfte unserer Kunden sind Gartenlaien, die andere Hälfte sind Fachleute. Insgesamt sind 90 Prozent unserer Kunden Frauen, was typisch ist für unsere Branche», erläutert Henry Brockmeyer. «Viele unserer Stammkunden kommen mehrmals pro Woche zu uns, auch wenn sie gerade keinen Bedarf haben und nichts kaufen möchten. Denn der Garten ist für viele Hobby und Entspannung zugleich.»

Damit sich die Kunden wohlfühlen und im Geschäft sowohl entspannen als auch gezielt einkaufen können, muss die Atmosphäre rundherum stimmen. Dazu trägt nicht nur das von Brockmeyer in Eigenregie betriebene «Sonnencafé» mit Kinderspielecke und Fernsehen bei, sondern vor allem der Ladenaufbau im Ganzen. Der Kunde, der das Geschäft betritt, wird zunächst im Eingangsbereich mit einer saisongerechten Dekoration – einem harmonisch komponierten und thematisch gebündelten Bühnenbild von Farben, Formen und Pflanzen – empfangen. An Biegungen und Wegkreuzungen finden sich weitere kleine Inseln, die perfekt inszeniert sind, von einem hauseigenen Team dekoriert werden und den Kunden als Anregung zur eigenen Gestaltung dienen. Zur Atmosphäre trägt weiterhin die großzügige Aufteilung des Geschäftes bei. Wo sich in engen Gängen Menschen und Einkaufswagen aneinander vorbeidrängen müssen, wo es zu warm, zu kalt oder zu laut ist, kann keine einladende Atmosphäre entstehen. Deshalb sind im Gartencenter Brockmeyer die Gänge breit und die Flächen großzügig angelegt, und es gibt klimatisierte Zonen. Schon beim Eintritt ins Geschäft vermittelt sich dem Kunden so der Eindruck einer Oase von Ruhe und Gelassenheit.

Eine herbstlich dekorierte Ruhe-Insel

Die Mitarbeiter wurden trainiert, ihre Sensibilität für die Wünsche der Kunden zu erhöhen. Deshalb stürzen sie sich auch nicht, wie in anderen Geschäften häufig üblich, als «Abfangjäger» auf Leute, die

126

gerade das Gartencenter betreten haben, um sie sofort zu bedienen. «Im Kundenkontakt sind die ersten drei Sekunden entscheidend», erläutert Henry Brockmeyer. «In dieser Zeit kann eine Beziehung zum Kunden aufgebaut werden, sofern er das möchte. Erkennen lässt sich das daran, ob der Kunde den Augenkontakt zu einem Mitarbeiter sucht oder konzentriert auf eine Sache ist und losgeht, ohne nach Hilfe zu suchen.» Die Mitarbeiter haben geübt, Mimik, Gestik und Blick der Kunden zu interpretieren und dementsprechend zu entscheiden, ob sie sie ansprechen oder nicht. «Wichtig ist uns, dass der Kunde immer den Freiraum hat, das zu tun, was er gerade möchte, ohne dass wir bei ihm Kaufzwanggefühle auslösen», so Brockmeyer.

Aufgrund der riesigen Verkaufsfläche und trotz der großen Anzahl von Mitarbeitern hat das Gartencenter dasselbe unvermeidliche Problem wie viele andere Geschäfte: Manchmal ist niemand zur Stelle, wenn ein Kunde gerade eine Frage hat oder Hilfe benötigt.

Auf Informationstafeln stellen sich die zuständigen Mitarbeiter mit ihren Spezialgebieten vor

Bei Brockmeyer hat man dafür eine Lösung gefunden. Es sind Klingeln und Schilder angebracht mit der Aufschrift: «Sie möchten Beratung oder brauchen Hilfe beim Tragen? Bitte klingeln!»

Zur Inszenierung tragen auch die ganzjährig durchgeführten Veranstaltungen rund um das Thema Garten bei. Im Januar erhalten Interessierte für das ganze Jahr einen Veranstaltungskalender, der ein umfangreiches Programm für Erwachsene und Kinder umfasst. Da finden sich zum Beispiel Themen wie: «Unser Ostermarkt ist eröffnet! Deko-Ideen, frisch vom Osterhasen», «Was ich schon immer über Terracotta wissen wollte», «Tag der Tomate», Die Geheimnisse des Buchsbaumschnitts», «Kürbisschnitzen und Kürbiskernbasteln», «Mollig warm verpackt – Wintermäntel für Ihre Gartenpflanzen» oder «Der Nikolaus kommt – Holt euch eure gefüllten Stiefel ab». Die Veranstaltungen sind immer kostenlos, finden am Samstag oder Sonntag statt und dauern ein bis zwei Stunden, je nach Kundenwunsch auch länger. Diese Mini-Seminare sind sehr beliebt und mit 20 bis 40 Teilnehmern immer gut besucht, denn sie ermöglichen es den Kunden, mehr über die Anlage ihres Gartens, über das Wachstum und die Pflege von Pflanzen, aber auch über ansprechende Dekoration zu lernen und Fragen zu bestimmten Produkten zu stellen.

Früher wurden die Veranstaltungen von externen Fachspezialisten der Lieferanten durchgeführt, doch nach und nach ging man dazu über, sie von den Mitarbeitern selbst gestalten zu lassen. Viele sind schon mehr als zehn Jahre im Gartencenter beschäftigt und verfügen über großes Fachwissen. Nur einen Vortrag zu halten und vor großem Publikum frei zu sprechen, kostete anfangs Überwindung und wurde darum zunächst im Team geübt. Inzwischen ist es für die Mitarbeiter zu einem Motivationsfaktor geworden, eine Veranstaltung zu leiten und dort als Experte für ein Thema aufzutreten.

Auf das Training der Mitarbeiter wird sehr viel Wert gelegt. Dabei geht es nicht um die Vermittlung von Fachwissen der Gartenbranche, sondern um die Sensibilisierung für Situationen im Umgang mit Kunden, um die Bearbeitung von Reklamationen, um die richtige Wortwahl und Rhetorik sowie um das Erkennen von Verbesserungsmöglichkeiten im Geschäft. Besonders beliebt ist bei den

Mitarbeitern die Videoanalyse von Testkäufen im Gartencenter, bei der sie Gelegenheit haben, ihr mit versteckter Kamera gefilmtes Verhalten im Verkauf selbst zu beobachten und zu analysieren. Im Training üben die Mitarbeiter, die Bedürfnisse der Kunden genauer zu erfragen und gezielter zum Kaufabschluss zu kommen. Für Ganztagesschulungen ist im Gartencenter keine Zeit mehr, seitdem auch sonntags geöffnet ist und es keinen freien Tag mehr gibt, deshalb dauern die Schulungen heute maximal drei bis vier Stunden.

Für das Gartencenter Brockmeyer steht der Kunde eindeutig im Mittelpunkt. «Kundenservice ist wie eine warme Decke in der kalten Winterzeit», sagt Henry Brockmeyer. «Wir vergessen keinen Menschen, der uns eine solche Decke freundlich überreicht hat. Wir arbeiten täglich daran, unseren Kunden eine wärmende Decke und ein wärmendes Lächeln zu geben, damit unsere Kunden uns in der kalten Servicewüste Deutschlands nicht vergessen. Es sind wie so oft im Leben die kleinen und einfachen Dinge, die den Vorsprung ausmachen.»

4. Teil

Die Berge der Herausforderung meistern – Kundenbegeisterung in verschiedenen Wirtschaftszweigen

Nachdem wir uns in Lustheim damit vertraut gemacht haben, was Kunden begeistert, begeben wir uns zu den Bergen der Herausforderung. Von dort oben haben wir einen guten Überblick über das ganze Land und können uns einmal genauer anschauen, wie es mit der Kundenbegeisterung in vier unterschiedlichen Wirtschaftszweigen aussieht: der Investitionsgüterindustrie, dem Handwerk, dem Einzelhandel und der Dienstleistung.

Jede Branche hat ihre eigenen Herausforderungen und ihre eigenen Begeisterungsfaktoren, wenn auch manches über alle Wirtschaftszweige hinweg ähnlich funktioniert. In allen Branchen werden uns begeisternde bunte Eier serviert, die sich vom Einerlei der Durchschnittseier abheben.

10. Kundenbegeisterung in der Investitionsgüterindustrie

Eine chinesische Mauer mitten durchs Begeisterungsland

Als Günther Rösner[2], Geschäftsführer eines mittelständischen Maschinenbauunternehmens, durch die Fabrikhallen des chinesischen Herstellers ging, wurde er mit einem Mal blass wie ein Leichentuch. Dort stand *seine* Maschine! Und zwar nicht eine, die die Chinesen von ihm käuflich erworben hatten, sondern ein Nachbau, ein absolut perfektes Imitat, das 1:1 dem Original entsprach. Kein Kunde würde überhaupt einen Unterschied zwischen der Maschine seines Unternehmens und der Maschine des chinesischen Herstellers bemerken. Stolz präsentierte ihm das chinesische Managementteam sein Wunderwerk und erklärte ihm sogar, dass man diese Maschine für 20.000 Euro verkaufte. Das war ein geradezu lächerlicher Preis, denn das deutsche Unternehmen verlangte das Zehnfache dafür!

Nachdem Rösner den Schock einigermaßen überwunden hatte, überlegte er, wie er sich gegen die chinesische Konkurrenz wehren könne. Sein erster Gedanke war, mit Produktinnovationen einen neuen technologischen Vorsprung aufzubauen. Doch er verwarf dies sofort wieder, als die Chinesen ihm erklärten, dass sie in der Lage seien, «praktisch über Nacht» *jede* Maschine zu kopieren.

Seinen Optimismus gewann Rösner nach und nach wieder, denn er wusste, dass seine Kunden vor allem eines schätzten: sein exzellentes Servicenetzwerk. Sie konnten sich darauf verlassen, dass seine Firma innerhalb von maximal ein bis zwei Tagen, oft sogar innerhalb von Stunden, eine defekte Maschine reparierten oder ein Ersatzteil lieferten. Da ein längerer Maschinenausfall bei seinen Kunden extrem hohe Kosten verursachte, konnten sie das Risiko, nicht beim Originalhersteller zu kaufen, kaum eingehen. *Das war sein Wettbe-*

---

[2] Name von der Redaktion geändert

werbsvorteil! Die Chinesen waren nicht in der Lage, diesen Service zu bieten – jedenfalls noch nicht. Allerdings, so überlegte sich Rösner, war es nur eine Frage der Zeit, bis sie ebenfalls ein halbwegs funktionierendes Servicenetzwerk aufgebaut hätten …

Bei genauerer Betrachtung verfügte das deutsche Unternehmen noch über einen weiteren Vorsprung, und der war nicht so leicht einzuholen: Seine Produktionsexperten besaßen jahrelange Erfahrung in der Optimierung von Produktionsabläufen bei den Kunden. Immer wenn eine Maschine verkauft wurde, fuhr ein Expertenteam zum Kunden und beriet ihn *kostenlos,* wie er den gesamten Produktionsprozess verbessern und damit die Maschine optimal nutzen konnte. Damit besaß das deutsche Unternehmen im Bereich von Know-how und Service ein klares *Alleinstellungsmerkmal,* das es von der chinesischen Konkurrenz deutlich abhob: einen Begeisterungsfaktor. Denn die Kunden waren über die Produktionsoptimierung ausgesprochen erfreut und bestätigten, dass sie die hohe Kompetenz der Produktionsexperten außerordentlich schätzten.

Einen kleinen Wermutstropfen gab es allerdings noch: Die Kunden beklagten sich gelegentlich über die extrem hohen Preise der deutschen Maschine, und zwar weil sie die gratis mitgelieferte Produktionsoptimierung für selbstverständlich hielten und gar nicht als geldwerten Vorteil wahrnahmen. Hier galt es, den Feinheitsgrad der Kommunikation mit den Kunden zu erhöhen und ihren Blick gezielt auf diese besondere Leistung zu lenken. Fortan wurde im Gespräch mit den Kunden wie auch in den schriftlichen Unterlagen ausdrücklich auf die «Gratis-Zusatzleistung Produktionsoptimierung» hingewiesen, um die vorhandene *Kernkompetenz* des Unternehmens deutlich und unmissverständlich herauszustellen.

Das deutsche Maschinenbauunternehmen hat noch Glück gehabt: Es besaß bereits ein Alleinstellungsmerkmal und einen Wettbewerbsvorsprung, der ihm durch den Kontakt mit der ausländischen Konkurrenz erstmalig bewusst wurde und durch bessere Kommunikation auch den Kunden leicht bewusst gemacht werden konnte. Andere Unternehmen sind in einer weitaus schlechteren Position und haben Mühe, sich gegen die grassierende Kopierwut der

Chinesen zu behaupten. Mehr und mehr wird es auch im Investitionsgüterbereich darum gehen zu kapieren, anstatt zu kopieren.

Oft sind in den Unternehmen bereits Begeisterungsfaktoren versteckt vorhanden, werden aber unzureichend inszeniert, so dass sie von den Kunden nicht wahrgenommen werden. Hier gilt es, Weltmeister in Kleinigkeiten zu werden, solche Faktoren zu erkennen und klar zu kommunizieren.

Overengineered und *undercustomered* – falsch verstandene Innovationen

Immer noch ist die Denkweise in der Investitionsgüterindustrie stark technologie- und wenig servicegeprägt. Produktinnovationen werden beinahe ausschließlich technisch verstanden. Vor allem traditionell orientierten Unternehmen des Maschinen- und Anlagenbaus tun sich mit dem Aufbau eigenständiger Kompetenzen im Servicebereich schwer. Wo der Fokus ausschließlich auf Ingenieurleistungen liegt, fällt es häufig nicht leicht, die Emotionen der Kunden, ihre Wünsche und Bedürfnisse, zu verstehen oder auch nur wahrzunehmen. Das Beispiel Rösner hat es gezeigt: Das Unternehmen wurde sich erst im Spiegel der Konkurrenz seiner wahren Stärken jenseits der materiellen Produkte bewusst. Häufig fehlt eine Mentalität, die Dienstleistungsangeboten gegenüber offen ist, denn die Serviceleistungen werden allzu oft noch durch einen operativen Teilbereich im Unternehmen erbracht, der eher als untergeordnet angesehen wird.

Innovationen werden häufig einseitig als «technische Neuerungen» definiert, so dass Dienstleistungen gar nicht als innovativ angesehen werden. Doch gerade dort – im immateriellen Bereich von Know-how und Service – verbergen sich die größten Innovationschancen. Einige wenige Unternehmen haben dies verstanden.

Das Gelbe vom Ei

Der Bielefelder Technologiekonzern Gildemeister AG führt seine Servicetochter, die DMG Vertriebs- und Service GmbH, als eigenständiges Unternehmen. Mehr und mehr ist das Hauptgeschäft, der Bau und Vertrieb von Maschinen, zum Nebengeschäft geworden, während das ursprüngliche Nebengeschäft, der Servicevertrieb, zum Hauptgeschäft wurde. Die Zahlen von 2006 belegen es: Im Produktionsbereich erwirtschafteten 3380 Mitarbeiter aus 633 Millionen Euro Umsatz ein Betriebsergebnis von 20,9 Millionen Euro; der Servicevertrieb jedoch erwirtschaftete im gleichen Zeitraum mit nur 2100 Mitarbeitern 290 Millionen Euro Umsatz bei einem Betriebsergebnis von 40,5 Millionen Euro. Mit anderen Worten: Obwohl der Servicebereich 1280 Mitarbeiter weniger beschäftigt, ist das Betriebsergebnis im Vergleich zum Produktbereich beinahe doppelt so hoch. Nach Einschätzung des Unternehmens wächst der Bedarf an exzellentem und hochverfügbarem Service weiter. Guten Service betrachtet das Unternehmen als «Lebensversicherung» für das Maschinengeschäft.

Eine 2004 durchgeführte Studie von *Mercer* bestätigt auf der Basis von Befragungen von Geschäftsführern und Vorständen:

- Mehr als die Hälfte des Umsatzwachstums kommt aus dem Servicebereich, beim Ertrag ist der Anteil noch höher.
- Die Umsatzrendite im Service liegt bei über 10 Prozent, bei Ersatzteilen sogar über 18 Prozent und bei Beratungsleistungen um die 16 Prozent, während die Marge im Neumaschinengeschäft nur bei kläglichen 3 Prozent liegt.
- Die meisten Maschinenbauunternehmen nutzen gerade mal ein Viertel ihres Servicepotenzials.

Innovationen im Servicebereich sind heute meist vielversprechender als Produktinnovationen. Serviceinnovationen beinhalten echte Begeisterungsfaktoren und die größeren Renditepotenziale.

Werden Innovationen ausschließlich auf der technischen Ebene gesucht und realisiert, so sind die Produkte häufig *overengineered*. Das heißt, sie enthalten viel zu viele technische Funktionen, die der Kunde nicht braucht, nicht haben möchte und letztlich auch nicht zu zahlen bereit ist. Auf diese Art werden Eier legende Wollmilchsäue mit Flügeln und Schwimmflossen gezüchtet: «Tiere», die einfach alles können, obwohl der Kunde schon mit wenigen Fähigkeiten zufrieden wäre. Auf der anderen Seite sind die Produkte dann *undercustomered*. Das heißt, sie orientieren sich zu wenig an den wirklichen Bedürfnissen der Kunden, die gar nicht gefragt wurden.

Overengineering begegnet uns heute bei nahezu allen technischen Geräten, nicht nur in der Investitionsgüterindustrie. Man denke nur an Tante Emmas Kampf mit dem Handy und an unser tägliches Ringen in der Bedienung von DVD-Rekordern, Computer-Hard- und -Software sowie diversen elektrischen und elektronischen Geräten. Überall scheinen technikverliebte Ingenieure das Sagen zu haben, während Service und Bedienbarkeit der Geräte nachrangig behandelt werden. Doch abgesehen davon, dass mit technischen Features überfrachtete Maschinen weniger Abnehmer finden, beinhalten sie auch noch ein weiteres Risikopotenzial, das häufig übersehen wird: Sie sind *Komplexitätstreiber* ersten Ranges. Jede neue Komponente, die zusätzlich in eine Maschine eingebaut wird, erhöht die Komplexität der Produktion nicht linear, sondern exponenziell.

Ein zentrales *Komplexitätsgesetz* besagt: Der Grad der Komplexität wächst im Quadrat zur Anzahl der notwendigen Elemente, Komponenten, Funktionen, Varianten oder Schritte. Nehmen wir an, eine Maschine besäße nur eine einzige Funktion oder Komponente. In diesem Falle wäre der Komplexitätsfaktor $1^2 = 1$. Bei zwei Komponenten ist der Faktor $2^2 = 4$; bei 3 Komponenten liegt der Faktor bei $3^2 = 9$; bei 10 Komponenten läge er sogar schon bei $10^2 = 100$. Zehn Komponenten haben also die Komplexität einer Maschine bereits verhundertfacht! Während die Anzahl der Komponenten lediglich linear ansteigt, wächst die Komplexität exponenziell. Das Tückische daran ist, dass jede der hinzugefügten Komponenten Zeit und Kosten in der Entwicklung wie auch in der Produktion frisst, eine potenzielle Fehlerquelle mit zusätzlich erforderlichen Reparaturleistungen darstellt, vor allem aber im Unternehmen Leistungs- und Mitarbeiterressourcen bindet. Letztere fehlen dann an anderer dringend benötigter Stelle, beispielsweise bei einem Service, der Kunden begeistern könnte.

Allein schon aus diesem Grund sollte nicht nur im Investitions- güterbereich auf ein Overengineering von Maschinen unbedingt verzichtet werden. Es sollten immer nur solche Innovationen entwickelt und solche Komponenten, Funktionen und Features in die Maschinen eingebaut werden, die die Kunden wirklich benötigen und tatsächlich nachfragen.

> «Innovation ist, wenn der Kunde Hurra schreit und sein Portemonnaie zückt. Alles andere sind theoretische Debatten aus der Tiroler DJ Ötzi School für Advanced Management Studies.»
>
> *(Anja Förster / Peter Kreuz)*

Wie kann nun ein Unternehmen herausfinden, welche Innovationen die Kunden wirklich haben möchten und welche nicht? Ganz einfach: indem es sie befragt. Überflüssige, nicht von Kunden erwünschte Innovationen bekommt man durch Befragungen heraus.

Das Gelbe vom Ei

- Hilti bildete bereits in den 80er-Jahren ein Gremium von 150 Anwendern und 14 Lead-Usern, also besonders anspruchsvollen Kunden, die in ihren Bedürfnissen dem Massenmarkt um Monate oder Jahre voraus waren und eigene Innovationsideen hatten. Die Lead-User entwickelten in einem Workshop ein innovatives Befestigungssystem, das zur Basis für den Geschäftsbereich Montagetechnik wurde.
- René Obermann, CEO von T-Mobile, arbeitet 15 bis 20 Tage pro Jahr selbst im Außendienst oder in den Shops mit, um im direkten Kundenkontakt nahe am Ohr der Verbraucherwünsche zu sein. In einer Reihe von Workshops mit 40 Top-Managern konnten daraufhin erhebliche Einsparpotenziale ermittelt werden. So wurde das Modellsortiment an Mobiltelefonen halbiert – eine Komplexitätsreduktion, die zu einer erheblichen Verbesserung der Kostenstrukturen beitrug.

- Bei der Gildemeister AG entwickelt die Forschungs- und Entwicklungsabteilung des Produktbereichs die Produktinnovationen, während die Servicetochter durch laufende Kundenbefragungen ermittelt, welche neuen Dienstleistungen die Kunden benötigen und welche Preise sie dafür zu zahlen bereit sind.

Maschinenbauunternehmen, die den Servicebereich vernachlässigen, verschenken nicht nur Umsatzchancen und vernachlässigen Begeisterungsfaktoren, sondern – und das ist noch viel gefährlicher – sie überlassen das Feld der Dienstleistungen anderen Unternehmen. Die *Mercer*-Studie kommt zu dem Ergebnis: Es werden Newcomer als Spezialisten für technische Dienstleistungen auf den Markt kommen, sogenannte *Multi Vendors,* die das lukrative Servicegeschäft für solche Maschinen übernehmen, die sie nicht selbst hergestellt haben. Langfristig werden sie den *kompletten* Dienstleistungsbereich an sich ziehen, sofern die Hersteller nicht endlich aufwachen und sich im Service weiter so wenig engagieren wie bisher.

> «Eigentlich stellen wir nur noch Dienstleistungen her.
> Aber manche in festem, manche in flüssigem und manche in
> gasförmigem Aggregatzustand.»
> *(Geschäftsführer IBM Deutschland, zitiert nach Michael Schmid)*

Servicechancen ergeben sich für die Investitionsgüterindustrie in drei Bereichen:
- Der Pre-Sales-Service umfasst alles, was der Kunde vor dem Kauf benötigt: Entsorgung, Rücknahme oder Weiterverkauf von Altmaschinen, Konzeption, Beratung, Finanzierung, Betreiberdienstleistungen usw.
- Der Sales-Service bezieht sich auf alles, was der Kunde während des Kaufprozesses benötigt: Montage, Anpassungen, Produktoptimierungen, Integration der Maschinen in den gesamten Produktionsablauf usw.
- Der After-Sales-Service umfasst alles, was nach dem Kauf und während der gesamten Dauer der Maschinennutzung – prak-

tisch bis zum Kauf der nächsten Maschine – benötigt wird: Inspektion, Wartung, Reparatur, Unterstützung bei der Bedienung der Maschine, Nutzungsoptimierungen, Garantieleistungen usw.

Daraus ergibt sich ein umfassendes Servicespektrum, das gut gemanagt werden will, je mehr Komponenten es enthält. Damit der Service begeistert, ist es notwendig, dass Produkt- und Serviceverkauf nicht nebeneinanderher laufen, sondern miteinander verbunden und in Form von Paketen angeboten werden. Dementsprechend müssen auch die Verkaufsargumente gewählt werden. In Werbung und Verkauf wird häufig der Fehler gemacht, rein technische und für Kunden oftmals sogar unverständliche Argumente zu wählen, die aus Herstellersicht formuliert sind und sich ausschließlich auf die technischen Eigenschaften und den Leistungsumfang einer Maschine beschränken. Wenn für den Kunden der Service im Vordergrund steht, so muss er auch als Verkaufsargument kommuniziert werden, damit er als Leistung wahrgenommen wird. Kunden wollen letztlich keine Maschinen, sondern gute Gefühle kaufen.

«Kunden, die Premium-Produkte kaufen, erwarten Premium-Service. Und das heißt nicht nur erstklassige Servicequalität, sondern auch – den Kunden Respekt, Vertrauen und Wertschätzung entgegenzubringen.»
(Johannes Thammer, Leiter Vertrieb Kundendienst bei Audi Service)

 **Fazit:** Der bisher vernachlässigte Servicebereich bietet die meisten Chancen, aus einem Maschinenbau-Unternehmen ein buntes Ei in der Wahrnehmung der Kunden zu machen. Serviceleistungen schützen vor Produktnachahmern aus Asien und Osteuropa, bringen die höchsten Renditen und begeistern Kunden meist mehr als die Maschinen selbst. Wer weiterhin den Service vernachlässigt, muss sich darauf einstellen, dass er bald Konkurrenz von speziellen Dienstleistern erhalten wird, die diesen Bereich für sich erobern und damit die Herstellung weiter unter Preisdruck setzen werden.

Dreckshage – ein buntes Ei im Maschinenbau

Ein Maschinenbauunternehmen, das seine Kunden mit einem erstklassigen Service begeistert, ist die August Dreckshage GmbH & Co KG. 1924 gegründet, war das Unternehmen drei Generationen lang inhabergeführt, bis es 1999 durch ein Management-Buy-out vom damaligen Geschäftsführer und heutigen geschäftsführenden Gesellschafter Wolfgang Jordan übernommen wurde. Zusammen mit seinem Sohn leitet Jordan das Unternehmen, das jetzt wiederum ein Familienbetrieb ist. Dreckshage hat außer dem Mutterhaus in Bielefeld zwei weitere Niederlassungen, eine davon in Polen, und insgesamt 120 Mitarbeiter. Das Unternehmen versteht sich als Vertriebs- und Dienstleistungsbetrieb im Maschinenbau und in der Metallverarbeitung. Angeboten wird eine Produktpalette von Werkstoffen, Antriebselementen und Aluminium-Konstruktionsprofilen, die jedoch nicht selbst hergestellt, sondern bei namhaften europäischen Herstellern eingekauft und dann kundenspezifisch aufbereitet werden.

Die Geschäftsleitung hat eine klare Vorstellung davon, wie Kunden begeistert werden sollen. «Die Begeisterung, die wir erzeugen möchten, ist nicht auf die Produkte bezogen, die wir liefern, denn darin sind wir vergleichbar, sondern darauf, wie der Kunde bei uns im Hause empfangen wird und wie wir mit seinen Wünschen umgehen», erklärt Werner Schäper, Prokurist bei Dreckshage. «Es geht darum, den Kunden nicht als Störenfried oder Belastung anzusehen, selbst wenn er außergewöhnliche Wünsche hat, sondern darum, dass wir uns mit ihm über eine gemeinsame neue Aufgabenstellung freuen. Die modernste Technik im Hause nutzt nichts, wenn es auf der menschlichen Seite hapert. Es kommt auf das Denken in den Köpfen der Menschen an, denn die Rahmenbedingungen stimmen.» Damit die Begeisterung wirklich gelebt wird, hat Dreckshage Mitarbeiter und Führungskräfte schulen lassen.

Das Wissen darüber, wie es geht, ist im Unternehmen vorhanden, aber oft hapert es an der Umsetzung. Das hat auch Firma Dreckshage erlebt: «Angenommen, ein Kunde erteilt uns einen großen Auftrag für präzise Werkstoffelemente, die an der Maschine geschnitten werden müssen, anschließend natürlich schmutzig sind und eigentlich gereinigt werden sollten. Doch wenn gerade viel Arbeit ist, will der Mitarbeiter den Auftrag schnell erledigen und verpackt die schmutzigen Elemente zum Versand in einen Karton. Das geht natürlich nicht, denn das hinterlässt beim Kunden einen schlechten Eindruck, weil ihm nun die Arbeit des Reinigens aufgebürdet wird und es dadurch für ihn zu einer Verzögerung beim Einsatz der Teile kommt. Mitarbeiter haben die Neigung, in solch kritischen Augenblicken nur an ihren augenblicklichen Arbeitsstress zu denken; sie sind von ihrer eigenen Befindlichkeit überlagert, anstatt das Ganze aus der Perspektive des Kunden zu sehen», so Schäper.

Trainings haben bei Dreckshage dazu beigetragen, den gesamten Dienstleistungsprozess konsequent auf die Kundenwünsche auszurichten und den Kunden über die eigene momentane Befindlichkeit zu stellen. Heute werden Aufträge sogar zwischen Weihnachten und Neujahr abgewickelt, wenn der Kunde ein akutes Problem hat, selbst wenn der zuständige Mitarbeiter dafür auf seinen Urlaub verzichten muss.

Als die Identifikation der Mitarbeiter mit dem Unternehmen wuchs und sich ihre Einstellung am Arbeitsplatz positiv wandelte, führte man im Unternehmen das Du ein. Vom Vorstand bis zu den gewerblichen Mitarbeitern duzen sich alle, unabhängig von ihrer hierarchischen Position. Anfängliche Befürchtungen, das Du könnte missbraucht oder ausgenutzt werden, bewahrheiteten sich nicht, im Gegenteil. «Alle Mitarbeiter gehen offener miteinander um, und menschlich sind wir zusammengerückt. Sicher passt das Du nicht zu jedem Unternehmen, aber zu uns passt es. Schließlich sind wir ein Familienunternehmen, und in einer Familie siezt man sich nicht», so Schäper.

Neben der positiven Einstellung der Mitarbeiter zu Kundenwünschen ist die Prospektwerbung ein weiterer Begeisterungsfaktor. Vielfach sind Werkstoffkataloge unübersichtlich und schlecht gegliedert; sie haben keine Struktur und kein Inhaltsverzeichnis. Der Kunde muss schon sehr genau wissen, was er sucht, um etwas zu finden. Dreckshage ist darum im Hinblick auf Übersichtlichkeit, Optik und Format neue Wege gegangen und hat die Kataloge einfacher gestaltet. Sie können jetzt sogar im Internet heruntergeladen werden, und der Leser findet in kürzester Zeit am Monitor vor dem PC die gesuchten Werkstoffe.

Wo nicht unbedingt erforderlich, werden die Kunden nicht – wie sonst in der Branche üblich – mit letztlich austauschbaren Abbildungen von Maschinen und Werkstoffen gelangweilt, sondern mit pfiffigen Bildern und kurzen, knappen, auch für Laien verständlichen Aussagen informiert und zugleich unterhalten. In einer Broschüre mit dem Titel «Abschied tut nicht immer weh», in der dem Leser ein junges Mädchen freudig entgegenwinkt, erfährt der Kunde, dass er Dreckshage sein komplettes Werkstofflager übergeben und *just in time* jederzeit alle Werkstoffe in beliebigen Mengen abrufen kann. «Packen Sie die Taschentücher ein», heißt es mit einem Augenzwinkern, «und freuen Sie sich über viele attraktive Vorteile!» Zu diesen gehören unter anderem die Verringerung von Lager- und Kapitalbindungskosten sowie der Abschied von Werkstoffresten. Ein anderer Flyer wirbt mit der frechen Maus Speedy Gonzales, die jetzt mal «richtig Gas» gibt, Führungswellen innerhalb von nur fünf Tagen bearbeitet und in ein bis zwei Tagen zuschneidet.

Der dritte Begeisterungsfaktor bei Dreckshage ist ein völlig neuer Messeauftritt. «In der digitalen Welt sind Informationen über neue Produkte im Internet erheblich schneller zu bekommen, als die nächste Messe stattfindet», so Schäper. «Deshalb macht es für uns keinen Sinn mehr, die Präsentation von Produkten in den Mittelpunkt unseres Messestandes zu rücken. Heute kommen Kunden und Interessenten auf die Messe, um das Gespräch zu suchen.» Dementsprechend wurde das Messekonzept geändert, um den Kunden wie auch dem persönlichen Gespräch mehr Raum zu geben. Der Stand ist ansprechend dekoriert, und es gibt viele Sitzgelegenheiten. Die Gäste am Stand werden fast wie im Restaurant bewirtet: Sie können sich auf einer Karte Speisen und Getränke aussuchen, die so frisch wie möglich serviert werden.

«Wir verkaufen auf der Messe keine Produkte, sondern Beziehungen. Wir zeigen unser Unternehmen als Beziehung», erklärt Schäper. «Und darum vermeiden wir es auch, die sonst an Messeständen üblichen Abfangjäger zu postieren.» Damit sind die Verkäufer gemeint, die sich auf jeden Interessenten, der sich von weitem dem Stand nähert, stürzen – oft gleich zu zweit –, um ihn einzufangen und sofort in ein Verkaufsgespräch inklusive Produktpräsentation zu verwickeln. Abfangjäger sind ein Grund, warum es Messebesucher oftmals vermeiden, Stände überhaupt zu betreten und sich das Angebot anzuschauen; sie halten potenzielle Interessenten fern, anstatt sie anzulocken. In der Messekonzeption ist Dreckshage weiter als einige Großunternehmen der Branche, die immer noch auf die klassische Produktpräsentation setzen.

Ist Dreckshage auf der Erfolgsinsel angekommen? Werner Schäper sieht sich die Karte an (Seite 14 f.) und meint: «Die Insel ist so klein, dass man eigentlich nur einen kurzen Urlaub darauf verbringen kann. Meistens befinden wir uns in der Gegend der Berge der Herausforderung und kreisen um Städte wie Verantwortung, Entscheidung, Mut, Wille, Umsetzung und Disziplin. Und genau dort wohnen auch unsere Kunden.»

11. Kundenbegeisterung im Handwerk

Räuber in Latzhosen

Seit zehn Jahren laufen beinahe täglich im Fernsehen diverse Sendungen, die sich mit Handwerkerpfusch beschäftigen. Sie sorgen für hohe Einschaltquoten bei den Zuschauern, weshalb sie bei den Programmmachern der Privatsender wie auch der öffentlich-rechtlichen Sender sehr beliebt sind. Ausgiebig befassen sich diese Sendungen mit allem, was des Volkes Wut zum Kochen bringt und jährlich in Form zehntausendfacher Beschwerden bei den Verbraucherzentralen, Handwerkskammern und Gerichten eingeht: Ärger über zu hohe Rechnungen, miserable Beratung, schlechten Service, undurchsichtige Preisgestaltung, Betrug, notorische Unzuverlässigkeit und teuren Pfusch bei allen Innungen – vom Badeinbau über den Schlüsseldienst bis zum Hausbau. Was nützt der schönste Marmor, wenn Zombies darauf herumtrampeln? Der Kunde, der sich schon sehr auf den Einzug in sein neues Lustheim gefreut hat, wohnt stattdessen in Chaos, mitten in der Gegend von Nower, und hat die Orientierung verloren.

Der volkswirtschaftliche Schaden, der allein von den im Bau beschäftigten Handwerksbetrieben jährlich angerichtet wird, beziffert sich auf 1,7 Milliarden Euro – ein Betrag, für den man sage und schreibe 8500 nagelneue Einfamilienhäuser jährlich schlüsselfertig hochziehen könnte. Günter Ogger, der schon vor mehr als zehn Jahren durch seine Kritik an Managern als «Nieten im Nadelstreifen» bekannt wurde, bezeichnet die Handwerker als «Räuber in Latzhosen». Die Dauerkritik am Handwerk ist Anlass genug für Handwerksbetriebe, ihre Leistungen unter die Lupe zu nehmen und ihre Kundenorientierung in den Vordergrund zu stellen. Das Positive an der Situation: Wo es so viele unzufriedene Kunden gibt, ist es leicht, mit geringem Aufwand «besser» als die Konkurrenz zu sein und die Kunden zu begeistern.

Handwerker und Kunden haben oft diametral entgegengesetzte

Sichtweisen auf die durchzuführenden handwerklichen Arbeiten: Der Kunde hat für größere Renovierungen oder Umbaumaßnahmen womöglich jahrelang gespart und muss sogar noch nachher einige Jahre lang einen Kredit auf seinen Bausparvertrag abzahlen, um sich seinen lang gehegten Wunsch endlich erfüllen zu können.

Dementsprechend groß ist die Erwartung und die Vorfreude auf die Verschönerung seines Heims. Umso schlimmer dann, wenn genau das eintritt, was der Kunde sich in seinen kühnsten Alpträumen nicht ausmalen konnte: Wichtige Einbauteile werden vom Handwerker vergessen oder falsch vermessen, so dass durch abrupten Abbruch auf unbestimmte Zeit die Arbeiten unverrichteter Dinge liegen bleiben. Stress und Termindruck kommen auf, weil die Arbeiten nicht zum vorgesehenen Zeitpunkt fertig werden. Der Kunde muss sich unter Umständen zusätzlichen Urlaub nehmen, was meist jedoch nicht ohne weiteres möglich ist.

Und dann der Schmutz! Es ist ja alles noch viel dreckiger, als es der Kunde vorher erwartet hatte! Der feine Schleifstaub der Bohrmaschine dringt bis in Nachbarzimmer der Baustelle vor, füllt dort alle Ritzen und findet sich sogar in den geschlossenen Schränken wieder. Außerdem tragen die Handwerker mit ihren Schuhen den groben Schmutz durch das gesamte Haus, was nachher eine mehrtägige gründliche Hausreinigung erforderlich macht. «Null Problemo», denkt sich der Handwerker und sieht das alles ganz gelassen. Für ihn ist nur Baustellen-Routine, was für den Kunden zeitaufwendige Mehrarbeit, manchmal aber auch schlichtweg eine Katastrophe, ist. Der Kunde überlegt sich nachher genau, ob er denselben Handwerker noch einmal beauftragt oder sich lieber einen anderen sucht. Oder ob er einfach *niemanden* mehr beauftragt und alles beim Alten belässt, weil er den Nervenkrieg nicht noch einmal durchstehen möchte, wenn es nicht unbedingt erforderlich ist. Verschenkte Aufträge für Handwerksunternehmen!

«Ist der Handwerker ein Saubermann, kommt beim Kunden Freude an.»
(Tante Emmas Spruch)

Wenn Handwerker *kundenorientiert* statt auftragsorientiert denken und handeln, führt dies – nicht nur in kritischen Momenten – zu größerer Zufriedenheit der Kunden.

Warum Kunden immer nörgeln und Handwerker immer nuscheln

Handwerker haben oft das Gefühl, dass der Kunde dauernd hinter ihnen steht und sie kontrolliert bis zum letzten Handgriff – obwohl er doch gar kein Fachmann ist und die Qualität der Arbeit sowieso nicht beurteilen kann. Das läuft – aus der Sicht von Frauen, die ja meist im Haushalt die handwerklichen Arbeiten begleiten und überwachen – folgendermaßen ab: Früh am Morgen kommen Handwerker bewaffnet mit Werkzeugkoffern zur Ausführung eines Auftrags in das Haus des Kunden. Völlig auf das Ziel fixiert, werden von ihnen keine unnötigen Worte verschwendet. So kommt es, dass der Kunde sich tagelang einer Gruppe von No-Names gegenübersieht, deren scheinbar unkoordinierte Bewegungen durch das ganze Haus er nicht versteht. Zudem hat der Kunde Probleme nachzufragen, weil er die Handwerker nicht mit Namen ansprechen kann. Denn diese haben sich, um keinen unnötigen Lärm zu verursachen, einfach nicht mit ihren Namen vorgestellt. Und Visitenkarten haben sie auch nicht dabei.

Der Kunde bzw. die Kundin hat es also mit No-Name-Handwerkern zu tun, die offensichtlich von einer No-Name-Firma – jedenfalls nicht von einem namentlich bekannten Marken-Unternehmen – kommen. Da der Kunde von Natur aus neugierig ist, versucht er, den Handwerkern näher zu kommen, indem er sich ab und zu sehen lässt und Fragen stellt, wie der aktuelle Stand ist. Meist erhält der Kunde keine befriedigende Antwort, weil sich die Handwerker oft nur etwas Unverständliches in den Bart nuscheln. So zieht der Kunde unbefriedigt wieder ab, um bald einen neuen Anlauf zu nehmen.

Die permanente Neugierde des Kunden gibt dem Handwerker das Gefühl, kontrolliert oder sogar kritisiert zu werden, worunter er verständlicherweise leidet, besonders wenn er gut ist und zuverlässige Arbeit abliefert. Die Neugier des Kunden resultiert einerseits daraus, dass die Handwerker während der Arbeit und vor Arbeitsbeginn oft nicht informieren, was vor sich geht. Die Kommunikation mit den Handwerkern erleben viele Kunden, besonders Kundinnen, als frustrierend. Es soll Monteure geben, die tagelang bei der Durchführung ihrer Arbeiten kein einziges Wort mit dem Hausherrn oder der Hausfrau sprechen! Andererseits sind natürlich auch viele Auftraggeber heute durch die zahlreichen Fernsehsendungen über Handwerkerpfusch misstrauisch geworden und schauen daher den Handwerkern gerne selbst über die Schulter. Nicht zuletzt gibt es auch unter den Kunden die Fraktion der notorischen Besserwisser, die zwar keine Ahnung haben, aber so tun als ob.

«Kommunikation» ist das Zauberwort, das durch den Wundertunnel des Verständnisses in Richtung Annahme führt. Gerade hier können Handwerker systematisch an der Verbesserung ihres Bildes beim Kunden arbeiten, und zwar indem sie alle *Momente der Wahrheit* – also alle Kontaktpunkte mit dem Kunden – der Reihe nach durchgehen und optimieren. «Momente der Wahrheit» sind es darum, weil jeder Kontakt in den Augen des Kunden eine Aussage über die Qualität des Unternehmens macht. Häufig denken Handwerker, sobald der Auftrag erst erteilt ist, seien Gespräche mit dem Kunden nicht mehr so wichtig. Doch das Gegenteil ist der Fall. Denn das Verhalten während und nach der Auftragsausführung ist entscheidend dafür, ob der Kunde auch Folgeaufträge erteilen wird. Gerade über schlechten Service enttäuschte Kunden nehmen in Zukunft lieber das Angebot von Schwarzarbeitern an.

> «Der Verkauf findet tatsächlich zweimal statt! Einmal bei der Entscheidung des Kunden für eine Leistung und ein Produkt und zum zweiten Mal, wenn der ‹Tag der Wahrheit› gekommen ist und die vereinbarte Leistung durch den Handwerker erbracht wird.»
>
> (Umberta A. Simonis)

Die sechs häufigsten Kontaktpunkte mit dem Kunden im Handwerk sind:

- Begrüßung
- Beratung und Verkauf
- Telefonate
- Durchführung der Arbeit an der Baustelle
- Verabschiedung
- Schriftliche Unterlagen

In allen Bereichen lässt sich der Feinheitsgrad der Begegnungsqualität erhöhen. Überlegen Sie: Welches Verhalten ist an jedem einzelnen Kontaktpunkt der übliche Standard? Mit welchem andersartigen Verhalten könnten Sie demgegenüber Kunden *begeistern,* weil diese es von anderen Handwerksbetrieben nicht gewohnt sind und darum nicht erwarten? Indem Sie sich von den Durchschnittseiern abheben und sich anders – kundenorientierter – verhalten, werden Sie in der Wahrnehmung des Kunden zum bunten Ei. Einige Beispiele:

- Stellen Sie sich und Ihre Mitarbeiter auf der Baustelle zunächst mit Namen vor. Hilfreich können auch auf die Arbeitskleidung genähte gut sichtbare Namensschilder sein.
- Erklären Sie dem Kunden die Arbeitsabläufe, wenn nötig mehrfach. Informieren Sie täglich über Ihre Zeitplanung und insbesondere über unvorhergesehene Änderungen.
- Nehmen Sie nach der Auftragsabwicklung gemeinsam mit dem Kunden eine Abnahme vor, die Sie beispielsweise mit einer Checkliste vorbereiten können.
- Geradezu kryptisch sind für viele Kunden schriftliche Unterlagen, die sie von Handwerkern erhalten. Sowohl ausgegebene Werbebroschüren als auch Rechnungen strotzen oft nur so vor Fachbegriffen, die der Kunde nicht versteht. Er möchte aber die Katze nicht im Sack kaufen. Besonders auf Rechnungen können unverständliche Fachbegriffe zu Beanstandungen führen. Vermeiden Sie unnötige Fachbegriffe, auch im persönlichen Gespräch mit dem Kunden.
- Wenn Sie Ihrem Kunden während und nach der Auftragsausführung genau zuhören und sich in seinem Haushalt unauffällig umsehen, erkennen Sie oft einen latenten Zusatzbedarf. Machen Sie

den Kunden auf entsprechende Zusatzleistungen aus Ihrem Hause aufmerksam. Oft sind Kunden sogar dankbar dafür, besonders wenn man sie auf Sicherheitsmängel, zu hohen Energieverbrauch oder veraltete Geräte mit überholten Normen hinweist.

«Es gibt keine zweite Chance für den ersten Eindruck.»

(Tante Emmas Spruch)

Das Gelbe vom Ei

Als die «freundlichste Baustelle Westfalens» lobte die Bild-Zeitung eine Straße in Bielefeld, denn dort, so heißt es, «sind die Anwohner König». Nichts ist schlimmer, als wenn plötzlich ohne Vorwarnung eine Baustelle auf der Straße eröffnet wird und die Anwohner tage- oder wochenlang den ohrenbetäubenden Lärm von Baumaschinen ertragen müssen. Deshalb hat sich ein Bauunternehmen aus Versmold etwas Besonderes ausgedacht: Die Anlieger wurden vor Baubeginn genau über den Grund, die voraussichtliche Dauer und die Ansprechpartner vor Ort informiert. Die Mitarbeiter des Bauunternehmens wurden intensiv geschult, wie sie mit aufgebrachten Anliegern und ungerechtfertigten Ansprüchen – z.B. Schäden an Zäunen und Auffahrten – umgehen. Gleichzeitig wurden von den Anliegern Rückmeldungen über den Bauablauf erbeten. Als Belohnung winkten im Rahmen einer Verlosung tolle Sachpreise. Die Folge waren begeisterte Anwohner, zusätzliche Aufträge zu *besseren* Konditionen als der Hauptauftrag und motivierte Mitarbeiter!

Ob Sie Mittelmaß oder Spitzenleistungen erbringen, hängt wesentlich davon ab, ob alle Kundenkontaktpunkte beschrieben und die Abläufe detailliert festgelegt sind. Es reicht nicht, die Verhaltensweisen an jedem Punkt nur in Worthülsen wie «Wir sind freundlich» oder «Wir beraten unsere Kunden ausführlich» festzuhalten. Sie brauchen einen Leitfaden, ein verbindliches *Drehbuch*, für die Inszenierung des Kundenkontaktes in jeder Phase. Dieses Drehbuch muss geübt werden, bis es wirklich beherrscht wird, und zwar von *allen* Mitarbeitern.

André Horsthemke – ein buntes Ei im Dachdecker-Handwerk

Beinahe wäre alles schief gegangen. Mehrere Jahre hatte sich André Horsthemke aufgrund langer Wartezeiten gedulden müssen, bis er in die Meisterschule aufgenommen wurde, um seine Ausbildung zum Dachdeckermeister abschließen zu können. Am selben Tag, als er endlich das langersehnte Einladungsschreiben der Meisterschule erhielt, stellte seine Frau demonstrativ ein Glas Gurken auf den Tisch. «Du wirst Vater», eröffnete sie ihm lapidar. Für Horsthemke brach erst einmal eine Welt zusammen: Wie sollte er jetzt die elfmonatige auswärtige Meisterausbildung absolvieren? Doch seine Frau unterstützte ihn, und er bestand die Prüfung.

André Horsthemke wusste schon seit seinem 16. Lebensjahr, dass er Dachdecker werden wollte. «Es ist mein Traumberuf», erklärte er. Eher ein Alptraum war dann aber zunächst sein Start als Jungunternehmer mit 26 Jahren. Als er einen Bankkredit beantragte, wurde er von den Bankern nur belächelt: «Wir haben viele kommen und gehen sehen. Sich in der Baubranche selbständig zu machen, bringt nichts.» Erst mit Hilfe professioneller Unterstützung gelang es Horsthemke, den Kredit zu bekommen. «Und danach kam ich vom Regen in die Traufe», erzählt er. «Obwohl ich viel investierte, kamen die Aufträge nur spärlich. Ich musste mich mit Reparaturarbeiten mühsam über Wasser halten.»

Das änderte sich erst, als seine Frau ihn davon überzeugte, ein persönliches Servicetraining zu buchen. «Der Coach hat mir zuerst gründlich den Kopf gewaschen», so Horsthemke. «Er sagte zu mir: ‹Ich sehe hier einen jungen Schnösel vor mir, der gepierct ist und Ohrringe trägt. Mich überzeugen Sie nicht.› Das hat erst einmal sehr an meinem Ego gekratzt.» Schließlich erkannte Horsthemke, dass die Sturm- und Drang-Zeit vorüber war, und legte die Piercings ab, um bei den Kunden seriöser zu erscheinen.

Gemeinsam mit seinem Trainer ging Horsthemke nun daran, schrittweise alle Kundenkontaktpunkte durchzuarbeiten und ein vollständiges Servicekonzept zu entwickeln. Es wurden Regeln für die Momente der Wahrheit im Umgang mit den Kunden aufgestellt. Ein schriftliches Servicehandbuch stellt sicher, dass auch neu hinzukommende Mitarbeiter leicht eingearbeitet werden können. Der Dachdecker feilte an allen Punkten. So gestaltete er seine Angebote vollkommen neu: Anstatt nur zwei Seiten abzugeben wie seine Mitbewerber, legt er heute seinen Kunden eine umfassende Bewerbungsmappe mit Visitenkarte vor. Statt Fachbegriffe zu verwenden, wird anhand von Bildern demonstriert, was gemeint ist. Wenn Horsthemke zum Kunden geht, nimmt er außerdem eine Servicemappe und Muster mit.

Auch die Auftragsausführung geschieht heute sorgfältiger als früher: Das Team stellt sich namentlich beim Kunden vor und betritt dessen Haus nur mit Schuhüberziehern. Dennoch kann es vorkommen, dass sich zum Beispiel beim Gehen durch den Garten mal ein Trampelpfad bildet. «Für solche Fälle haben wir immer Gartengeräte auf dem Wagen», erzählt Horsthemke. «Einmal haben wir nach Arbeitsschluss mit einer Harke den Vorgarten unseres Kunden geharkt, während einer unserer Konkurrenten genau auf der gegenüberliegenden Straßenseite auf einem Haus das Dach deckte. ‹Wir dachten, ihr seid Dachdecker und keine Gärtner›, wurden wir ausgelacht.» Doch wer zuletzt lacht, lacht am besten. Der Kunde war von dem Service Horsthemkes so begeistert, dass er noch am selben Abend anrief und sich bedankte. Nachher gab es ein dickes Trinkgeld für die Mitarbeiter. Einer der Gesellen Horsthemkes freut sich: «So viel Trinkgeld, wie ich in diesem Betrieb in einem Jahr bekomme, habe ich früher in meiner ganzen Laufbahn nicht erhalten.»

Auch nach der Auftragsabwicklung werden die Kunden intensiv betreut. Mit Hilfe von Kundenfragebögen, die einen Rücklauf von 95 Prozent haben, stellt Horsthemke fest, wie zufrieden die Kunden mit der Erreichbarkeit am Telefon, mit der Verständlichkeit des Angebots, mit der Auftragsausführung, der Nachvollziehbarkeit der Rechnung und dem Service insgesamt sind. Auf diese Weise erkennt der Dachdeckermeister weitere Verbesserungspotenziale.

2004 bewarb sich André Horsthemke als Kleinunternehmer mit vier Mitarbeitern um den Preis «Service Star im Handwerk Nordrhein-Westfalen». Als er erfuhr, dass außer ihm noch weitere 178 Unternehmen, darunter fast ausschließlich Branchenriesen, auf der Kandidatenliste standen, hielt er seine Chancen für gering. Umso erstaunter war er dann, als eine dreiköpfige Jury bei ihm im Betrieb auftauchte und ihn fünf Stunden lang mit Fragen über sein Unternehmen löcherte. Schließlich wurde er zur Preisverleihung eingeladen, ohne zu wissen, was auf ihn zukam. Völlig überrascht war er dann, als er eine Sonderauszeichnung erhielt, die ursprünglich gar nicht vorgesehen war. Für sein überzeugendes Konzept zur Kundenorientierung und für seinen konsequenten Service wurde er mit einem Sonderpreis zum «kundenorientiertesten Jungunternehmer in Nordrhein-Westfalen» ernannt.

André Horsthemke und der Autor
nach der Preisverleihung
(Foto I. Hirsch)

«Überzeugende Begeisterung ist vielleicht die mächtigste Kraft, die es überhaupt gibt. Sie hilft uns, Menschen für etwas zu gewinnen, sie ihre Bedürfnisse erkennen zu lassen und ihnen zu zeigen, dass wir in der Lage sind, diese zu erfüllen.» *(Norman Vincent Peale)*

12. Kundenbegeisterung im Einzelhandel

Ideen für den Einzelhandel

Schon Tante Emma hat uns aus ihrer reichhaltigen Erfahrung viele Anregungen gegeben, wie sich gerade im Einzelhandel mehr Kundenbegeisterung wecken ließe. Hier das Wichtigste im Überblick:

- *Mehr Konzentration im Produktsortiment:* Anstatt allen alles zu bieten, ist es besser, wenigen vieles zu bieten. Dies schafft für die Konsumenten Klarheit, vermeidet Käuferverwirrung und steigert den Absatz der Produkte.
- *Verständliche Produktbezeichnungen:* Käufer wollen sich nicht mit Fachbegriffen herumschlagen, sondern die Produkte und ihre Funktionen verstehen können.
- *Konstante Ansprechpartner statt wechselnden Personals:* Menscherlebnis geht vor Materialerlebnis. Es ist Käufern wichtig, feste Ansprechpartner zu haben, auf die sie sich verlassen können und die sie persönlich kennen.
- *Weltmeister in Kleinigkeiten werden:* Kunden lassen sich auch mit wenig Aufwand durch kleine, gut inszenierte Überraschungen und Serviceleistungen immer wieder von neuem verblüffen und begeistern.
- *Kundenbefragungen durchführen:* Selbst wenn sie unsystematisch, unregelmäßig und ohne statistische Basis durchgeführt werden, helfen sie, Basis- und Leistungsfaktoren zu ermitteln und Verbesserungspotenziale aufzudecken.
- *Attraktive, bisher vernachlässigte Zielgruppen erschließen:* Oft ignorierte, aber zahlungskräftige Zielgruppen wie Frauen und die Generation 60plus freuen sich besonders über Angebote, die auf sie zugeschnitten sind.
- *Begeisterungs-Werte konsequent leben:* Zuverlässigkeit, Aufrichtigkeit und Fairness bauen beim Kunden Vertrauen auf.
- *Kapieren, nicht kopieren:* Es bringt nichts, allseits verbreitete Ser-

viceleistungen, wie z.B. Kundenkarten, einfach nur zu übernehmen, weil dies bei Kunden keine Begeisterung und keine Loyalität hervorruft. Serviceleistungen müssen individuell zum Profil des Unternehmens wie auch zum Profil der Mitarbeiter passen.

- *Marketing allein bringt nichts:* Menscherlebnis geht vor Marketingerlebnis. Verspricht die Werbung besondere Leistungen, die dann im Unternehmen nicht gelebt werden, so ist das Enttäuschungspotenzial groß. Begeisterung kann beim Kunden nicht durch Werbung, sondern nur im direkten Kontakt geweckt werden.

- *Inszenierung von Service und Storytelling:* Geschickt in Szene gesetzte kleine Leistungen und das Erzählen von Geschichten zu Produkten fördern den Erlebnischarakter und machen den Kauf einmalig.

- *Mehr kompetente Kaufberatung:* Die Beratung ist im Handel ein Stiefkind geworden, obwohl sie die meisten Chancen zur Abgrenzung vom Discount birgt. Beratung, die z.B. in Form von Informationsveranstaltungen und Miniseminaren inszeniert wird, begeistert Kunden.

- *Fragetechniken beherrschen:* Mit Fragen kann der Zustand des Kunden beeinflusst werden. Anstatt immer dieselben Standardfragen zu stellen, lässt sich mit intelligenterer Fragetechnik der Bedarf des Kunden präziser ermitteln und ihm damit ein besser geeignetes Produkt verkaufen.

Ach, du dickes Ei!
Ein Kunde, der sich vor kurzem ein Haus gekauft hatte, ging in ein Badstudio, um sich beraten zu lassen, wie er sein Bad modernisieren konnte. Als Erstes fragte der Verkäufer ihn: «Wie alt sind Sie?» «Vierzig Jahre», sagte der Kunde. «Oh, oh», runzelte der Verkäufer bedenklich die Stirn, «wer mit 40 sein Bad renoviert, tut das zum letzten Mal in seinem Leben. Am besten, Sie lassen sich von uns ein barrierefreies Bad einbauen, denn mit 75 kommen Sie sonst nicht mehr aus der Badewanne heraus.»
Erstklassige Beratung! Der Verkäufer hatte gerade eine Lieferanten-

schulung zum Thema «Barrierefreies Bad» absolviert und stiefelte nun, bestens informiert, los, um solche Bäder an möglichst viele Leute zu verkaufen – am besten auch an solche, für die sie sich gar nicht eigneten, denn Umsatz ist schließlich wichtiger als Käuferberatung.

Der Kunde, der sich für die Neugestaltung seines Bades interessiert hatte, fühlte sich auf einmal gar nicht mehr so wohl in seiner Haut. Statt des Whirlpools sah er nun die Wanne mit der Hebebühne vor seinen Augen – und das konnte ihn ganz und gar nicht begeistern. Mit diesem Bild im Kopf und in solch einem Zustand war er wenig motiviert, einen Auftrag zu erteilen. Er verließ das Badstudio unverrichteter Dinge.

Laden-, Schaufenster- und Thekengestaltung

Genauso, wie sich Kunden oft von der Produktfülle überfordert fühlen, genauso fühlen sie sich auch häufig mit dem Ladenlayout überfordert. Es ist heute üblich geworden, immer wieder Regalumstellungen in den Geschäften vorzunehmen, häufig sogar mehrfach im Jahr. Das ist nicht nur für die Mitarbeiter sehr aufwendig und mit viel Zusatzarbeit, Schmutz und Umbauten verbunden, sondern bei den Kunden keineswegs so beliebt, wie vielfach vermutet. Das so oft versprochene «Einkaufserlebnis» verwandelt sich für sie oft in einen Alptraum, wenn sie nach dem Umbau minutenlang an Regalwänden entlang irren, nicht das Gesuchte finden und anschließend vergeblich nach einer Verkäuferin Ausschau halten, die sie fragen könnten. Häufige Regalumstellungen haben denselben Effekt wie eine zu große Produktauswahl: Sie tragen zur Käuferverwirrung bei und senken eher den Umsatz, als dass sie ihn fördern, zumal die zunehmende Hektik im Alltagsleben dazu beiträgt, eher weniger als mehr Zeit auf den Einkauf verwenden zu wollen.

Gerade in der heutigen Zeit suchen die Kunden nach Verlässlichkeit und Konstanz, weshalb Geschäfte mit stets gleichem und übersichtlichem Layout wie Aldi und Tchibo so beliebt sind. Bei Aldi ist die Anordnung der Regale seit mehr als 30 Jahren kaum verändert worden, und sie ist in allen Filialen identisch. Man kann sich buchstäblich blind zurechtfinden und sogar ohne Einkaufszettel einkaufen.

> «Eine Umstellung von Regalen ist für den Konsumenten oft nicht nachvollziehbar und kann seinen Einkaufsprozess erheblich stören. Regallücken oder Regalumstellungen lösen häufig nur dann einen neuen Entscheidungsprozess beziehungsweise Suchprozess aus, wenn der Einkauf dringend zu erledigen ist. Ansonsten wird der Kauf verschoben oder die Kaufabsicht wird nochmals hinterfragt.»
>
> *(Markus Schweizer/Thomas Rudolph)*

Das Gleiche, wie für die Ladengestaltung selbst, gilt auch für die Anordnung in Schaufenstern und Theken. Dauernde Umgestaltungen erleben Käufer als frustrierend.

Das Gelbe vom Ei

Ein Geschäftsinhaber fragte sich, was Passanten von seinem Schaufenster erwarteten. Er versetzte sich in die Lage seiner Kunden und dachte nach, was er selbst erwartete, wenn er vor einem fremden Geschäft stand. Dabei kam er zu folgendem Ergebnis: «Ich möchte wissen, wie es in dem Geschäft aussieht, ob die Menschen, die mich dort bedienen, sympathisch sind, und ob ich mich ungestört umsehen kann, auch wenn ich nichts kaufen möchte.»

Daraufhin änderte er seine Schaufenstergestaltung radikal ab: Unter der Überschrift «Wer bedient mich in diesem Geschäft?» positionierte er ansprechende Porträtfotos von sich und seinem Verkaufsteam, wobei jeder mit Vor- und Nachnamen und einer kurzen, humorvollen Beschreibung vorgestellt wurde. Unter der Überschrift «Was finde ich in diesem Geschäft?» brachte er Poster mit der Abbildung der Verkaufsräume sowie einer Schilderung an, warum es sich lohnt, dort einzukaufen. Zuletzt stellte er ein Plakat auf, das eine Antwort auf die Frage gab: «Darf ich mich hier einfach umsehen?» Es war zu lesen: «Aber selbstverständlich! Sie sind uns herzlich willkommen und dürfen jederzeit bei uns schnuppern. Wenn Sie Lust haben, laden wir Sie zu einer Tasse Gratis-Kaffee ein.» Das Bild wurde von einer dampfenden Tasse Kaffee abgerundet. Seit der Neugestaltung des Schaufensters sind doppelt so viele Passanten wie früher im Geschäft, und der Umsatz ist um 33 Prozent gestiegen.

Je größer die Produktfülle ist, desto klarer muss die Anordnung der Waren in den Regalen wie auch im Schaufenster und in den Theken sein. Übersichtlichkeit und verlässliches Wiederfinden von gesuchten Waren ist die Voraussetzung dafür, dass der Kunde sich heutzutage überhaupt noch zurechtfindet und kaufbereit ist.

Mit der Gestaltung von Theken befasst sich besonders Günter Schwarte von der Fleischerei Reinert.

Reinert Westfälische Privat-Fleischerei – ein buntes Ei im Fleischgroß- und -einzelhandel

In einem schwierigen Markt behauptet sich die 1931 gegründete H. & E. Reinert Westfälische Privat-Fleischerei GmbH & Co. KG. Aus dem Wurstwarenhersteller in Versmold ist innerhalb der letzten zehn Jahre eine Unternehmensgruppe geworden, zu der mehrere Betriebe gehören: die Reinert Privat-Fleischerei, die Schinken-Einhaus GmbH, die Sickendieck Fleischwaren GmbH und zwei Betriebe in Rumänien und Frankreich.

Reinert ist ein mittelständischer Familienbetrieb, der in den vergangenen 30 Jahren massiven Veränderungen im Fleischmarkt unterlag: Obwohl unter den fünf größten Anbietern in Deutschland, beträgt der Marktanteil Marke Reinert lediglich 2 Prozent, woran erkennbar ist, wie zersplittert der Markt ist. Besonders der Discount hat der Branche massiv zugesetzt: Betrug dessen Marktanteil 1980 nur vier Prozent, so ist er mittlerweile auf 46 Prozent angewachsen – Tendenz steigend. Der Anteil der fertig verpackten Selbstbedienungsware beträgt jetzt schon 63 Prozent, während nur noch 37 Prozent der Fleischwaren frisch über die Bedienungstheke gereicht werden. Das Unternehmen Reinert ist Spezialist für Feinkosterzeugnisse im Bereich der Bedienungstheke. Größter Kunde, aber zugleich auch größter Konkurrent ist eine Lebensmittelhandelskette mit annähernd 30 eigenen Fleischwerken und einer bis zu 20-fach höheren Produktionskapazität. Innovationen werden im Fleischmarkt heute schnell von den Wettbewerbern nachgeahmt, so dass aufgebaute Vorsprünge leicht wieder verloren gehen.

Wer unter so hohem Konkurrenzdruck steht, muss sich etwas einfallen lassen, um seine Kunden immer wieder von neuem zu begeistern. Und das tut Reinert. Anstatt nur Fleisch und Wurst zu verkaufen, verkauft Reinert heute Lösungen für den Fleischgroß- und -einzelhandel. «Wer als Fleischerei heute nichts unternimmt, wird in fünf Jahren vom Markt verschwunden sein», meint Günter Schwarte, Key-Account-Manager bei Reinert. Die Anzahl der Großhändler wird sich seiner Ansicht nach halbieren und der Anteil des Einzelhandels um ein Drittel zurückgehen – zugunsten des Discounts. Fleischereien machen immer noch den Fehler, sich als Grundversorger zu verstehen, obwohl diese Rolle längst die Discounter übernommen haben.

«Jeder Fleischer kann etwas sehr Wichtiges tun, dass der Discounter nicht kann», erklärt Schwarte. «Er kann sprechen. Deshalb brauchen wir heute auch mehr als bloße Tütenzuknips- und Aushändigungsverkäuferinnen an der Fleischtheke. Wir brauchen Kundenberater. Leider ist jedoch der Stand der Dienstleistungsfähigkeit und -bereitschaft immer noch zu niedrig. Präsentation und Verkaufsstil passen oft nicht mehr in die heutige Zeit. Die Kunden müssen von begeisterungsfähigen Fachkräften angesprochen werden.» Wenn Kunden an die Bedienungstheke gehen, anstatt nach der Selbstbedienungsware zu greifen, haben sie eine bestimmte Erwartung: Sie möchten erstklassige Beratung und Exklusivität. Wird jedoch an der Bedienungstheke wieder nur Billigware angeboten und fehlt es an Kaufberatung, so ist der Käufer enttäuscht und nimmt lieber die Discountware.

Reinert ist dabei, den Fleischgroß- und -einzelhandel für diese Themen zu sensibilisieren, was nicht ganz einfach ist. 2004 wurde zu diesem Zweck die Initiative für Arbeit des deutschen Fleischerhandwerks und Fleischergewerbes (IfA) gegründet, wobei Reinert als Initiator und Hauptsponsor auftritt. Die IfA hat sich die Sicherung und den Erhalt der Arbeitsplätze in kleinen und mittleren Unternehmen auf die Fahnen geschrieben. Gerade dort hat sich vielfach schon Resignation breit gemacht, weil die Betriebe unter dem Druck des Marktes ihre Existenz bedroht sehen. Wesentlicher Baustein des IfA-Konzeptes ist ein Lehr- und Lernmethoden-System, bei dem die Mitarbeiter von Fleischerbetrieben direkt an der Theke, an ihrem vertrauten Arbeitsplatz, geschult werden. «Lernen soll Spaß machen», so Schwarte, «und die Lehrinhalte müssen schnell erfassbar sowie gut erinnerbar sein. Das Lernen muss zu erkennbarem Erfolg führen.» Das spezielle Trainingskonzept richtet sich an Fach- und Führungskräfte kleiner und mittlerer Betriebe, wobei teilnehmende Betriebe auch EU-Fördergelder bekommen können. «Wir fangen bei der Schulung der Verkäufer an, um den Endverbraucher zu begeistern und die Akzeptanz an den Fleischertheken zu erhöhen», sagt Schwarte. Erfolge sind bereits erkennbar, und mittlerweile zeigt sogar die Industrie Interesse am IfA-Konzept, denn um ihre Ware abzusetzen, benötigt sie eine Basis gesunder und gut funktionierender Fleischer-Fachgeschäfte mit hervorragend geschultem Personal.

Systematisch lernen die Mitarbeiter in Fleischerbetrieben bei der IfA, wie sie ihre Kunden begeistern. Bestandteil des Trainings ist unter anderem die Gestaltung der Bedienungstheke. «Eine übersichtliche Theke steht mit 81 Prozent weit oben auf der Wunschliste der Verbraucher und rangiert sogar noch vor freundlichem Personal, das sich 72 Prozent der Kunden in Fleischereien wünschen», erklärt Schwarte. Doch gerade bei Struktur und Aufbau der Bedienungs-

Eine «Gerümpeltotale»: für den Kunden unübersichtliche Thekengestaltung

theken wird viel Potenzial verschenkt. «Gerümpeltotale», nennt
Schwarte das, was er häufig in Fleischereien zu sehen bekommt: Die
Ware ist in unüberschaubaren «Haufen» angeordnet, so dass der
Kunde die verschiedenen Fleisch- und Wurstsorten nicht voneinan-
der unterscheiden, teilweise auch die Namen der Produkte und die
Preise nicht lesen oder erkennen kann. Schwarte wünscht sich statt-
dessen «sprechende Theken», in denen die Ware so übersichtlich auf-
gebaut und klar beschildert ist, dass sie für sich selbst spricht.

Er empfiehlt, für die unterschiedlichen Waren Produkt- oder The-
menblöcke zu bilden, beispielsweise zu Themen wie Grillen, mediter-
rane Küche oder regionale Spezialitäten. Die Blöcke sollten optisch ansprechend durch klare Trennungslinien, die zum Beispiel durch
farbliche Unterscheidungen gebildet werden können, voneinander ab-
gegrenzt werden. Der Blick des Kunden kann durch Blockbildung
auch gezielt zu bestimmten Waren und besonderen Angeboten gelenkt
werden. «Dem Kunden, der vor der Theke steht, sollte schon beim An-
blick der Ware das Wasser im Munde zusammenlaufen», so Schwarte,
«dann ist er bereit zu kaufen.» Durch die optisch ansprechende Gestaltung der frischen Ware in der Theke können sich Fleischereien auch
von der immer gleich aussehenden, in Folie verpackten Discountware
abheben. Eine übersichtliche, auf die Wahrnehmung des Kunden zugeschnittene Thekengestaltung ist generell für Lebensmittelgeschäfte,
nicht nur für Fleischereien, empfehlenswert.

*Appetitlich und übersichtlich dank klarer Blockbildung: So sollte eine gute
gestaltete Theke aussehen*   *(Foto Eppinger)*

Neben der Entwicklung des IfA-Konzeptes bringt der traditions-
reiche Markenhersteller Reinert auch selbst immer wieder neue
Fleisch- und Wurstinnovationen auf den Markt. «Es gehört schon
eine Portion Mut dazu, heute fünf Jahre an der Entwicklung einer
neuen Wurstsorte zu arbeiten», erklärt Schwarte. Reinert ist hier sehr
engagiert und hat eine ganze Reihe neuer Produktlinien auf den
Markt gebracht, so zum Beispiel das Chambelle-Sortiment, eine innovative Kombination aus Salami und Camembert, und die Bär-
chen-Wurst für Kinder, die die Form von kleinen Teddybären mit
farblich abgehobenem Gesicht, Ohren, Tatzen und Beinen hat.
Diese Wurstsorte erforderte eine spezielle, von Reinert entwickelte
Herstellungstechnik, denn die Farbelemente entstehen nicht einfach
durch die Beimischung von Farbstoffen, wie sie sonst in der Indus-
trie verwendet werden, sondern sind spezielle Wurstzutaten. Die
Produktlinie der Bärchen-Familie wird durch ein «Bärchen Kin-
derkochbuch», das Kinderlesebuch «Bärchens Traumreise durch
Europa» und weitere Lehr- und Spielmaterialien unterstützt, die als
Teil einer Kampagne zur gesunden Ernährung von Kindern auf dem
Buchmarkt erschienen sind. Das Reinert-Bärchen, eine große
Plüschfigur, reist für Vorlesungen aus den Büchern durchs ganze
Land und ist auch in einer Kinder-Koch-Show regelmäßig im Fern-
sehen zu sehen. Auf diese Weise lernen Kinder in Schule und Kin-
dergarten auf spielerische Art, sich richtig zu ernähren.

Mit großem Engagement und immer wieder neuen Konzepten
und Produkten schafft es Reinert, sich im schwierigen Fleischmarkt
zu behaupten. «Eine Begeisterungsstrategie lässt sich nicht zeitlich
befristen, sondern muss dauerhaft in die Unternehmensstrategie im-
plantiert werden», so Schwarte. Die Marterberge hat die Privat-Fleischerei Reinert verlassen und befindet sich heute in den Bergen der
Herausforderung. «Unser größter Wunsch ist es», sagt Günter
Schwarte, «dass wir die kleinen und mittleren Fleischereibetriebe aus
den Sümpfen der Trägheit herausholen und bei ihnen ebenfalls die
Mitarbeiter- und Kundenbegeisterung wecken. Denn nur dann
kann das Fleischerhandwerk langfristig überleben.»

13. Kundenbegeisterung mit Dienstleistungen

Nichts als Wüste und kein Wasser in Sicht

Man traut sich kaum, dieses abgedroschene Wort von der «Servicewüste» noch auszusprechen. Und doch ist es leider wahr: Unser Land dürstet nach Dienstleistungen, während es in Produkten ertrinkt. In den letzten Jahrzehnten ist der Bedarf an Dienstleistungen in allen Lebens- und Unternehmensbereichen rapide angestiegen, das Angebot aber nicht im gleichen Maße mitgewachsen. Allein im ersten Quartal 2006 wurden in Deutschland fast 350 Milliarden Euro für Dienstleistungen ausgegeben, das sind 25 Milliarden Euro mehr als vier Jahre zuvor. Gerade im Dienstleistungssektor werden jedoch die meisten Chancen zur Kundenbegeisterung verschenkt – Chancen, die neben «reinen» Dienstleistungsbetrieben vor allem Hersteller, Handelsunternehmen und Handwerker nutzen könnten.

Je mehr die Grundversorgung mit materiellen Produkten des täglichen Lebens gedeckt ist, desto stärker wächst der Bedarf an immateriellen Dienstleistungen. Gerade hier liegen für Unternehmen die meisten Möglichkeiten, um zum bunten Ei zu werden und sich von den vielen Durchschnittseiern am Markt, die ausschließlich Produkte verkaufen, in der Wahrnehmung der Kunden positiv abzuheben.

Die stark gestiegene und noch immer steigende Nachfrage nach Dienstleistungen ergibt sich unter anderem aus folgenden Entwicklungen:

- *Die Menschen werden anspruchsvoller:* Wer mit materiellen Produkten eingedeckt ist, möchte mehr erleben und wünscht sich Dienstleistungen mit Erlebnischarakter.
- *Der Anteil erwerbstätiger Frauen steigt:* Frauen haben heute immer weniger Zeit, sich um den Haushalt zu kümmern, so dass

hier eine erhöhte Nachfrage nach Convenience-Dienstleistungen und professioneller Alltagsunterstützung besteht, die jedoch leider so gut wie gar nicht angeboten wird. Viele berufstätige Frauen und Singles würden gerne haushaltsnahe Dienstleistungen in Anspruch nehmen – wenn es sie denn gäbe: Erledigung von Besorgungen und Behördengängen, Gartenpflege, Kochen, Waschen, Bügeln, Aufräumen, Möbelaufbauen, Hausbewachung, Kinderbetreuung – praktisch alles, was für Haus und Familie erforderlich ist, wird nachgefragt.

- *Die Bevölkerung altert:* In einer Gesellschaft, in der die Anzahl der über 50-Jährigen massiv zunimmt, besteht eine erhöhte Nachfrage nach spezialisierten Kranken-, Pflege-, Freizeit- und Finanzdienstleistungen.

- *Neue Technologien mit steigender Komplexität:* Insbesondere die elektronischen Produkte werden immer komplexer und sind nur noch mit Mühen handhabbar; längst ist der Käufer als Laie überfordert. Von der Installation, über die Wartung, Pflege, Reparatur, Bedienung und Entsorung der Geräte werden Käufer allein gelassen und benötigen Unterstützung. Das betrifft den Business-to-Consumer-Bereich – man denke beispielsweise an alle Probleme rund um den PC – ebenso wie den Business-to-Business-Bereich, wo es zum Beispiel um die Steuerung komplexer Produktionsabläufe geht.

- *Der Simplify-your-Life-Trend nimmt zu:* Der übersättigte Konsument, dessen Wohnung oder Büro mit Wohlstandsprodukten vollgestopft ist und der sich in der überbordenden Fülle der Waren nicht mehr zurechtfindet, wünscht sich zunehmend Orientierung, Klarheit und Vereinfachung.

«Unsere Wohlstandsgesellschaft entwickelt sich immer mehr zu einer Wohlfühlgesellschaft, in der die neuen Lebensknappheiten nicht mehr der Mangel an Waren, sondern an Zeit und Lebensqualität sind.»

(Matthias Horx)

Das Gelbe vom Ei

Als die Schreibkraft zum ersten Mal das Büro ihres neuen Chefs betrat, fiel sie fast um: «Ich möchte bei Ihnen nicht tippen, ich möchte bei Ihnen aufräumen!», rief sie spontan. Das war mutig, denn die Beratungsfirma hatte Edith Stork, die seit einigen Jahren arbeitslos war, lediglich als Aushilfe für kurze Zeit gerufen. Der Chef war einverstanden, forderte jedoch – typisch Unternehmensberatung – von Frau Stork erst einmal ein schriftliches Konzept für die Aufräumaktion, das er auch erhielt.

Die Aktion war für sie das Schlüsselerlebnis, denn sie wusste, dass Aufräumen ihr neuer Beruf werden würde. Der Unternehmensberater zweifelte sehr daran, dass sie damit Erfolg hätte und dass irgendjemand – außer ihm selbst – Geld für das Aufräumen von Büros ausgeben würde. Frau Stork wettete mit ihm um eine Kiste Champagner, dass sie es schaffen würde, und gewann.

Seit mehr als 13 Jahren lebt sie inzwischen «vom Chaos anderer Leute», wie sie sagt, vor allem vom Chaos anderer Unternehmen. Insbesondere von renommierten Schweizer Firmen wie der Sulzer AG, Winterthur oder Lindt & Sprüngli wird sie regelmäßig gebucht. Die Nachfrage nach ihrer Dienstleistung ist so groß, dass sie von Anfang an keine Werbung zu machen brauchte und ausschließlich über Mundpropaganda an Neukunden kam.

Edith Stork entwickelte nach und nach das inzwischen patentierte Ablagesystem A-P-Dok, das sich auf alle Branchen anwenden lässt, für die Kunden leicht verständlich ist und auf der ISO 9000/2000-Norm beruht. Mit ihrem Slogan «Eine Frau räumt auf» wurde sie in Deutschland und der Schweiz bekannt. Nicht weniger als 54-mal trat sie inzwischen im Fernsehen auf. Längst hat Edith Stork erkannt: Das Marktpotenzial für ihre ebenso ungewöhnliche wie innovative Dienstleistung ist so gigantisch, dass sie es alleine nicht erschließen kann. Für ihr erfolgreiches Geschäft sucht sie mittlerweile Lizenznehmer, die sie in A-P-Dok ausbilden möchte.

Das Beispiel zeigt, dass sich insbesondere im Dienstleistungssektor mit geringem finanziellen Aufwand und oft sogar ohne spezielle Ausbildung viel bewegen lässt. Die Nachfrage nach Leistungen, die auf den ersten Blick unkonventionell sind, ist meist erheblich größer als das Angebot, aber zunächst nur latent vorhanden und damit unsichtbar. Erst wenn ein Unternehmen den Mut hat, mit der neuen Leistung als buntes Ei in die Öffentlichkeit zu treten, tritt die wahre Größe des Marktes zutage.

Jedes Unternehmen kann zum Dienstleister werden

Um Kunden mit Dienstleistungen zu begeistern, bedarf es vor allem eines: die Situation *mit den Augen des Kunden zu sehen* – so wie es Edith Stork getan hat, die zum Tippen gekommen war, dann aber mit ihrer wachen Beobachtungsgabe sah, wo der viel dringendere Bedarf lag. Indem sie aus der simplen Tätigkeit des Aufräumens eine eigene Dienstleistung kreierte, begeisterte sie mit einem *einzigartigen Konzept* ihre Kunden.

> «Die Begeisterung eines guten Kaufmanns oder Unternehmers, die auf der echten Überzeugung beruht, dass seine Produkte oder Dienstleistungen gebraucht werden und dem Kunden wirklich nützen, ist die richtige Art von Begeisterung, die allein wahren Erfolg bringt.»
> *(Norman Vincent Peale)*

Wer die Situation aus der Sicht seiner Kunden sieht, kommt endlich weg von einer produkt- und preisorientierten Sichtweise und fragt stattdessen nach den wirklichen Bedürfnissen der Kunden. Unternehmen aller Branchen – auch Hersteller, Handwerker und Händler – können den wahren Bedarf ihrer Kunden herausfinden, indem sie Antworten auf folgende Fragen finden:

- Was muss geschehen, *bevor* ein Kunde unser Produkt oder unsere Leistung erwerben kann? Voraussetzungen können zum Beispiel die Entsorgung von Altprodukten oder auch das Ordnen und Sortieren vorhandener Produkte sein. Wessen Haus mit Wohlstandsprodukten gefüllt ist, der ist nicht unbedingt bereit, etwas Neues zu erwerben, bevor er nicht das Alte losgeworden ist.
- Was kann geschehen, *während* ein Kunde unser Produkt oder

unsere Leistung erwirbt? Hier ist Raum für eine begeisternde Inszenierung des Kundenkontaktes an allen Kontaktpunkten von der Begrüßung, über Beratung und Verkauf, schriftliche Unterlagen bis zur Verabschiedung.

- Was sollte geschehen, *nachdem* ein Kunde unser Produkt oder unsere Leistung erworben hat? Welche Hilfe benötigt der Kunde, um das Produkt anzuschließen und in Betrieb zu nehmen? Sind individuelle Modifizierungen und Anpassungen an spezielle Kundenwünsche möglich und sinnvoll?

Es ist leichter als gedacht: Oft muss man den Kunden nur genau *zuhören,* um ihre Wünsche zu erfahren. Im direkten Kundenkontakt äußern Kunden ihren Bedarf und fragen nach bestimmten Leistungen; daraus ergeben sich meist schon die Antworten darauf, wo Dienstleistungspotenziale verborgen liegen. Und damit erwachsen Chancen, vom austauschbaren Produkt und vom ebenso austauschbaren Produktverkauf wegzukommen und stattdessen als buntes Ei durch den Zusatzverkauf von Dienstleistungen angenehm auffallend anders als die Durchschnittseier zu werden.

Das Gelbe vom Ei

Eine Internetbuchhandlung bietet seit kurzem ihren Kunden als kostenlosen Service die Katalogisierung und Verschlagwortung ihrer Bücher an. So erhalten insbesondere Vielleser Hilfe, ihre bereits vorhandene Bibliothek endlich einmal zu ordnen und zu systematisieren. Erwünschter  Nebeneffekt: Via Internet können die User-Leser sich anschließend mit anderen Buchliebhabern austauschen, über ihre Bücher diskutieren und sich gegenseitig interessante Neuerscheinungen empfehlen. Neben den praktischen Nutzen einer übersichtlich sortierten Bibliothek tritt auf diese Weise für die Käufer das Erlebnis, mit anderen Gleichgesinnten in Kontakt zu kommen. Die Serviceleistung steigert die Bereitschaft der Kunden, weitere Bücher zu erwerben. Warum kommt der stationäre Buchhandel, der permanent über Umsatzrückgänge und sinkende Gewinnmargen klagt, nicht auf solch eine Idee?

«Das Defizit liegt in der fehlenden Bereitschaft, Dienstleistungen im Produktportfolio als eigenständige Umsatz- und Markt- anteilsquelle, insbesondere als Margenbringer, gleichberechtigt neben materiellen Produkten zu verankern.» *(Michael Schmid)*

Dienstleistungen lassen sich auf verschiedene Art miteinander und mit materiellen Produkten kombinieren. Eine Möglichkeit ist das *modulare Baukastensystem:* Verschiedene Dienstleistungen werden separat voneinander bzw. von den Produkten verkauft. Die zweite Möglichkeit besteht in einem All-Inclusive-Angebot, dem sogenannten *Bundling:* Alle Dienstleistungen werden mitsamt den Produkten im Paket angeboten. Beim *Mixed Bundling* werden verschiedene Leistungselemente je nach Kundenwunsch auf unterschiedliche Weise miteinander verbunden.

Der einzige Nachteil von Dienstleistungen im Vergleich zu Produkten besteht in ihrer fehlenden Patentierbarkeit. Doch was nützen geschützte materielle Produkte, wenn sie von Nachahmern beispielsweise aus China innerhalb kürzester Zeit kopiert werden können? Dienstleistungen haben demgegenüber den Vorteil, dass sie erst durch den menschlichen Kontakt mit den Kunden zu leben beginnen. Und gerade hier lässt sich durch individuelle Inszenierung, die sich an den Stärken des Unternehmens und der Mitarbeiter ausrichtet, eine Einzigartigkeit herstellen, die materielle Produkte niemals erreichen können.

All Service – ein buntes Ei im Dienstleistungssektor

Die 1958 gegründete All Service-Unternehmensgruppe versteht sich als Spezialist rund um das Gebäude und in allen Fragen der Sicherheit. Die Unternehmensgruppe hat 2440 Mitarbeiter und bietet Gebäudedienste, Sicherheitsdienste und Personaldienstleistungen an. Durch seine hohe Servicebereitschaft und seine Innovationsfähigkeit gehört All Service zu den Marktführern im Rhein-Main-Gebiet.

Seine Philosophie umschreibt das Unternehmen mit drei Kernwerten: freundlich, flexibel und zuverlässig. «100 Prozent Freundlichkeit heißt für uns, dem Gegenüber – gleich ob Kollege oder Kunde – das Gefühl zu geben, wichtig zu sein. 100 Prozent Flexibilität bedeutet, dass wir schnell auf Veränderungen reagieren. Und 100 Prozent Zuverlässigkeit heißt, dass wir Vereinbarungen treffen, um sie zu halten», erläutert Peter Haller, Geschäftsführender Gesellschafter der All Service Sicherheitsdienste. «So wählen wir unsere Mitarbeiter aus, so betreuen wir unsere Kunden, und so gehen wir miteinander um. Allen Mitarbeitern sind unsere Kernwerte bekannt, und sie werden gelebt.»

Die Sparte Sicherheitsdienste entwickelt individuelle Dienstleistungen im Security-Bereich und bietet unter anderem Wachdienste, Alarmverfolgung, Einzelhandelsschutz sowie Pforten- und Empfangsdienste an. Als überregionaler Anbieter von Sicherheitsdienstleistungen gilt All Service als Qualitätsführer in der Branche und hat sich unter anderem mit Innovationen einen Namen gemacht: Da man in den meisten Städten aufgrund der vielen Staus mit dem Auto kaum noch zügig durchkommt, hat All Service großflächig eine Motorradstreife, die Bike Security, eingeführt, um im Alarmfall schneller beim Kunden zu sein. Für spezielle Not- und Krisensituationen wie Bedrohung, Erpressung und Insiderkriminalität hat All Service zusammen mit Sicherheitsexperten, einem Rechtsanwalt und dem Polizeipräsidenten ein Konzept entwickelt, um rund um die Uhr für Erstberatungen kostenlos zur Verfügung zu stehen. «So können unklare Situationen richtig eingeschätzt und entweder gleich entschärft oder kompetent behandelt werden. Denn die Betroffenen brauchen eine schnelle und unkomplizierte Beratung, um sich richtig zu verhalten», erläutert Serife-Tülay Özkazanc, Prokuristin der GmbH.

All Service zeichnet sich durch eine hohe Umsetzungsgeschwindigkeit aus, bei der die Mitarbeiter eine zentrale Rolle spielen. «Wir praktizieren einen lobenden, anerkennenden Führungsstil, so dass unsere Mitarbeiter hochmotiviert sind und beste Leistungen erbringen», erklärt Özkazanc. «Achtung und Respekt vor jedem Mitarbeiter ist ein hoher Wert. Förderung und Entwicklung seiner Potenziale ist der Kern der Führungsverantwortung.» Die Eigenverantwortung der Mitarbeiter wird gefördert, und neue Führungskräfte werden aus den vorhandenen Mitarbeitern rekrutiert. Bundesweit gilt All Service als einer der größten Ausbildungsbetriebe und fördert die fachliche Weiterbildung wie auch die Persönlichkeitsentwicklung der Mitarbeiter, die über einen langen Entwicklungszeitraum hinweg konstante Ansprechpartner haben. Wer neu ins Unternehmen kommt, wird dem Geschäftsführer oder der Prokuristin persönlich vorgestellt, erhält eine Firmenfibel und einen Film über die Unternehmensgruppe mit allen wichtigen Informationen inklusive Mission, Vision, Spielregeln im Unternehmen und wichtigen Ansprechpartnern.

Die Personalfluktuation des Unternehmens ist ausgesprochen gering. Von motivierten Mitarbeitern und der hohen Konstanz in der Leistungserbringung profitieren auch die Kunden, denn Personalfluktuation und die Arbeit mit schlecht ausgebildeten und wenig verlässlichen Aushilfskräften ist einer der größten Unsicherheitsfaktoren in der Security-Branche. Nirgendwo ist Zuverlässigkeit wichtiger und entscheidender als im Objekt- und Personenschutz.

All Service begeistert nicht nur seine Mitarbeiter, sondern auch seine Kunden. «Einmal rief ein Kunde bei uns um 16 Uhr an», erinnert sich Serife Özkazanc. «Er hatte soeben erfahren, dass eine Demonstration direkt vor seinem Gebäude angesagt war. Wir klärten das sofort mit der Polizei ab, und innerhalb von nur 30 Minuten kamen von uns zehn zusätzliche Sicherheitskräfte vor dem Gebäude zum Einsatz. Der Kunde war begeistert.» Solche schnellen Einsätze sind bei All Service keine Seltenheit. Das Unternehmen steht seinen Kunden an 365 Tagen im Jahr 24 Stunden zur Verfügung. «Für Spezialfälle haben wir im Hause ein KIT, ein Kriseninterventionsteam. Das sind hochkarätige Spezialisten, die unter einer speziellen Telefonnummer unseren Kunden rund um die Uhr zur Verfügung stehen.»

Die Firma Anton Schlecker ist über den allgegenwärtigen Service von All Service so begeistert, dass sie dem Unternehmen sogar den Schlecker-Award als «bester Dienstleister des Jahres» verliehen hat – eine besondere Auszeichnung, denn Schlecker gilt als kritisch im Hinblick auf die Wahl seiner Zulieferer.

Regelmäßig werden bei All Service Umfragen durchgeführt und deren Ergebnisse veröffentlicht. 2005 beispielsweise verzeichnete das Unternehmen 83,6 Prozent zufriedene Kunden. «Durch regelmäßige Qualitätsgespräche mit unseren Kunden können wir unsere Leistung kontinuierlich ihren Bedürfnissen anpassen», so Özkazanc. Das Kunden-Feedback und die damit verbundene konsequente Wahrnehmung von Verbesserungspotenzialen sorgt dafür, dass All Service auch in Zukunft ein buntes Ei in der Sicherheitsbranche bleibt.

5. Teil

Aufbruch zur Erfolgsinsel – Entwickeln Sie Ihre Kundenbegeisterungsstrategie

Wir haben auf unserer Reise bisher die Marterberge mit ihren Energie-fressern hinter uns gelassen, haben Neuland erkundet, um die Kunden zu studieren, haben uns angeschaut, wie die Käufer in Lustheim ver-wöhnt und begeistert werden, und zuletzt haben wir gesehen, wie Un-ternehmen verschiedener Wirtschaftszweige ihre Berge der Herausfor-derung erfolgreich meistern. Schrittweise nähern wir uns der Stadt Aufbruch, indem wir Orte wie Verantwortung, Mut, Umsetzung, aber auch Angst durchqueren, um in Aufbruch den Dampfer Richtung Erfolgs-insel zu erwischen.

Über unserer Kundenbegeisterungsstrategie haben wir auf unserer Reise bisher gebrütet wie auf einem ungelegten Ei. Doch schon bald kann das Küken ausschlüpfen, wenn wir jetzt noch die richtige Strategie für unser Unternehmen entwickeln und unsere Mitreisenden, die Mitar-beiter, ebenso begeistern wie unsere Kunden. Wie das geht, erfahren Sie in diesem letzten Teil des Buches. Und natürlich werden wieder ei-nige faule Eier als Abschreckung und einige bunte Eier als Anregung dienen.

14. Strategie ist der beste Kompass

Kräfte und Mittel konzentrieren

Was ist eine Strategie? Am besten lässt es sich erklären, indem man zwischen operativem und strategischem Management unterscheidet:

- Das *operative Management* bezieht sich auf die Art und Weise, wie das Tagesgeschäft durchgeführt wird. Es geht darum, *die Dinge richtig zu tun* – nämlich so, dass sie die Kunden begeistern. Hier lässt sich, wie schon ausgeführt, mit guter Inszenierung manches erreichen: Geschickte Inszenierungen von kleinen Überraschungen und Serviceleistungen im Geschäftsalltag machen den Kauf für Käufer zu einem einmaligen, positiven Erlebnis und erhöhen damit die Kundentreue. Doch das allein genügt noch nicht, damit ein Unternehmen wirklich einzigartig wird und ein Alleinstellungsmerkmal auf dem Markt aufbaut, das einen Wettbewerbsvorsprung sichert. Deshalb brauchen wir zusätzlich das strategische Management.
- Ziel des *strategischen Managements* ist es, die *richtigen Dinge zu tun.* Im Mittelpunkt der Strategie steht die Ausrichtung des gesamten Geschäfts inklusive aller Produkte, Dienstleistungen und Prozesse auf die Bedürfnisse und Wünsche des Kunden. Zentral sind die Fragen: Was will er Kunde überhaupt, dass wir für ihn tun? Welchen Bedarf wollen und können wir decken, welchen nicht?
- Wenn wir operatives und strategisches Denken zusammenführen, so erhalten wir die ganzheitliche *Kundenbegeisterungsstrategie.* Sie sorgt dafür, dass wir *die richtigen Dinge richtig tun* – und das möglichst dauerhaft!

«Strategie» wird häufig mit «Taktik» verwechselt, doch zwischen beiden besteht ein grundlegender Unterschied. Bildlich gesprochen ist es so: Taktik ist die Suche nach dem richtigen Liegestuhl auf unserem

Kreuzfahrtschiff Richtung Erfolgsinsel. Strategie hingegen ist die Auswahl des richtigen Schiffes für die Reise. Es bringt nichts, sich den bequemsten Liegestuhl am Pool mit der größten Sonneneinstrahlung zu sichern, wenn man «auf dem falschen Dampfer» sitzt, der das falsche Ziel ansteuert und niemals auf der Erfolgsinsel ankommen wird.

Während eine Strategie ganzheitlich ist, wirkt eine Taktik nur punktuell: Sie setzt an einzelnen Maßnahmen an, hat jedoch nicht das gesamte Unternehmen im Blick. Taktik wäre es zum Beispiel, anhand von ausgefüllten Kundenfragebögen die Basis- und Leistungsfaktoren des Unternehmens zu verbessern und in den Augen der Kunden vorhandene Schwächen auszumerzen. Das ist gut und richtig, doch um Begeisterungsfaktoren zu entwickeln, bedarf es einer *übergeordneten* Strategie. Eine Taktik macht zwar Sinn und ist notwendig, entfaltet ihre Wirkung jedoch erst dann, wenn sie im Rahmen einer Strategie eingesetzt wird. Ansonsten besteht die Gefahr, sich in beliebigen Einzelmaßnahmen zu verzetteln, die zwar punktuelle, aber keine wesentlichen Verbesserungen bringen.

Wenn wir im Folgenden von «Strategie» sprechen, dann meinen wir dies im Sinne der *Engpass-Konzentrierten Strategie* (EKS), die von Wolfgang Mewes entwickelt wurde. Strategie heißt, Unternehmen einen Weg zu weisen, wie sie ihre Kernkompetenzen entfalten, aus Konkurrenzdruck, Preiskampf und Austauschbarkeit herauskommen und in den Augen der Kunden einzigartig – eben zum bunten Ei – werden. Im Idealfall führt die klare Herausbildung eines Alleinstellungsmerkmals zur *Marktführerschaft*. Um Marktführer zu werden, braucht man weder ein Großunternehmen zu haben, noch über besonders viel Kapital zu verfügen. Man muss nur eines tun: sein Unternehmen und sein Leistungsangebot konsequent an den Bedürfnissen einer klar umrissenen Zielgruppe ausrichten und eine Marktnische besetzen, die bisher noch unbesetzt ist.

Die Anwendung der Strategie ist praktisch aus jeder Position heraus möglich; die in diesem Buch bereits vorgestellten bunten Eier haben es – unabhängig von ihrer Branche und Betriebsgröße – geschafft, durch Alleinstellungsmerkmale unverwechselbar und unentbehrlich für ihre Kunden zu werden und sich damit einen Wettbewerbsvorsprung zu sichern. Bunte Eier sind angenehm auffallend anders als alle anderen auf dem Markt – und begeistern gerade darum ihre Kunden.

> «Unter Strategie verstehe ich den gezielten Einsatz der vorhandenen Mittel und Kräfte durch Konzentration auf den wirkungsvollsten Punkt.» *(Wolfgang Mewes)*

Den meisten Unternehmen fehlt es heute an einer Strategie. Sie leiden unter der typischen Krankheit unserer Zeit: *Verzettelung.* Das heißt, sie bieten ein viel zu breites, diversifiziertes Angebot an Produkten oder Dienstleistungen an, verzetteln sich damit in einer Hyperkomplexität, die sie zeitlich und personell kaum noch beherrschen können, und verwirren außerdem die Käufer, die an *Consumer Confusion* leiden, sich in der Produktvielfalt nicht mehr zurechtfinden und mit Kaufabstinenz reagieren. Wer verzettelt ist, lebt in den Marterbergen. Er muss seine Energien über viel zu viele Aktivitäten gleichzeitig streuen und verliert dennoch das Wichtigste aus den Augen: nämlich das, was die Kunden *wirklich wollen.*

Strategisches Vorgehen ist der endgültige Abschied von den Marterbergen. Wer strategisch vorgeht, hat es leichter: Statt allen alles zu bieten und damit seine Energien zu verzetteln, ist es erfolgreicher, nur wenigen ausgesuchten Zielgruppen etwas Herausragendes zu bieten. Durch die Konzentration der Kräfte auf das Wesentliche – die wirklichen Kundenbedürfnisse – wird mit weniger Aufwand erheblich mehr erreicht. In der Folge sinken die Kosten und steigen die Umsätze wie auch die Gewinne.

Ganz nebenbei erhöht sich außerdem die Zufriedenheit der Mitarbeiter, die nun weniger überlastet sind, mehr Motivation und Freude an der Arbeit haben und mehr Zeit für einen freundlichen, serviceorientierten und begeisternden Kundenkontakt aufbringen können.

Strategisch vorzugehen heißt, *fokussiert und konzentriert* im Markt zu agieren, anstatt sich in der Breite zu verlieren und mit hohen Streuverlusten zu arbeiten. Wie Sie Ihr Unternehmen strategisch ausrichten, erfahren Sie in den folgenden Kapiteln. Der Schlüssel zum Erfolg heißt TUN: Greifen Sie zu Papier und Stift, und beantworten Sie die nachfolgenden Fragen, die Sie schrittweise zu Ihrer Strategie hinführen. Lassen Sie es nicht beim einmaligen Aufschreiben bewenden, sondern «kreisen» Sie immer wieder um die Fragen und Ihre Antworten, denn meist muss man den Prozess der Strategieentwicklung mehrfach durchlaufen, bis man das Ei des Kolumbus für sich entdeckt hat. Sie werden merken, wenn Sie es gefunden haben, denn Sie werden plötzlich *begeistert* sein! Ihnen wird mit einem Aha-Erlebnis bewusst, womit Sie einerseits Ihre Kunden begeistern können und was andererseits Ihrem Unternehmen am meisten entspricht und womit Sie sogar von Konkurrenzkampf und Preisdruck unabhängig werden.

> «Der Erfolg eines Unternehmens wird nicht von dem bestimmt, was in seinen Bilanzen steht – also den materiellen Besitztümern – sondern von dem, was sich nur schwerlich zählen, messen oder wiegen lässt: Image, Know-how, Servicebereitschaft, Motivation, Innovations- und Veränderungsfähigkeit.»
>
> *(Kerstin Friedrich / Lothar J. Seiwert / Edgar K. Geffroy)*

Das eigene Stärkenprofil schärfen

Der erste Schritt zur Erarbeitung einer Strategie ist die Entwicklung eines Stärkenprofils. Jedes Unternehmen hat besondere Stärken, die es zu etwas ganz Besonderem machen; häufig sind sie nur im Laufe der Jahre begraben worden unter der Verzettelung auf viel zu vielen Baustellen im Unternehmen (Projekten, Produkten, Aktionen usw.). Schaufeln Sie die Stärken Ihres Unternehmens wieder frei, indem Sie sich darauf besinnen, womit Ihr Unternehmen ursprünglich einmal angetreten ist. Meist ist der GEIST zu Anfang sehr lebendig, verliert aber im Laufe der Zeit an Dynamik und Schubkraft. Er kann jedoch jederzeit wiederbelebt werden.

Die Stärken haben etwas mit den *Kernkompetenzen* zu tun.
Überlegen Sie:

- Was tun wir in unserem Unternehmen besonders gern?
- Welche unserer Produkte und Dienstleistungen sind besonders erfolgreich?
- Worin haben wir besondere Fähigkeiten?
- Worin haben unsere Mitarbeiter besondere Fähigkeiten?
- Was zeichnet unsere Unternehmenskultur aus?
- Was macht uns am meisten Freude und was würden wir am liebsten ausschließlich tun (wenn es nicht so viele andere Dinge gäbe)?
- Welche Visionen und Ziele haben wir für unser Unternehmen?
- Worin liegt unser einzigartiger Wert für unsere Kunden?
- Worin haben wir einen – vielleicht noch kleinen, aber vergrößerbaren – Vorsprung, der nicht so leicht von Wettbewerbern kopiert werden kann?
- Worin könnten wir leicht einen Vorsprung aufbauen?

Stärken zu besitzen heißt nicht, keine Schwächen zu haben. Jedes Unternehmen wie auch jeder Mensch hat Schwächen. Heutzutage wird leider viel zu sehr auf die Schwächen geschaut und an ihnen herumgedoktert, anstatt den Blick auf die Stärken zu richten. Ebensowenig wie es Mitarbeiter motiviert, Schwächen auszubügeln, beispielsweise durch Trainings, ebenso wenig motiviert es Unternehmen, dies zu tun – im Gegenteil. Es ist sogar kontraproduktiv, den Blick zu sehr auf Schwächen zu lenken, denn es zieht Energien ab und lässt nie und nimmer Begeisterung aufkommen. Demgegenüber wirkt es *motivierend*, sich auf seine Stärken zu besinnen und zu konzentrieren. Und wo die Motivation schon vorhanden ist, ist die Begeisterung nicht mehr weit.

«Des Menschen Stärke ist, mit Schwächen stark zu sein.»

(Marcel Hermann)

179

Es gibt noch einen weiteren Grund, sich nicht zu sehr von seinen Schwächen beeinflussen zu lassen: Wer Schwächen ausgleicht, wird bestenfalls zum Durchschnittsei, denn er beherrscht das, was er vorher nicht konnte, nun genauso gut wie alle anderen. Wer sich hingegen auf seine Stärken konzentriert, hat die Chance, zum bunten Ei und damit einzigartig zu werden. Denn es sind die Stärken, durch die wir uns als Menschen wie auch als Unternehmen von anderen unterscheiden.

 **Die Stärken eines Unternehmens sind seine Kernkompetenzen. Es handelt sich um diejenigen Fähigkeiten und Fertigkeiten, die es erlauben, bestimmte Wertschöpfungsaktivitäten besser als der Wettbewerb auszuführen.**

Die richtigen Zielgruppen herausfiltern

Unternehmen können sich auf drei Arten spezialisieren: Sie können sich auf Produkte, auf Problemlösungen oder auf Zielgruppen konzentrieren. Am häufigsten – aber leider am wenigsten erfolgreich – ist immer noch die *Produktspezialisierung,* bei der die gesamte Konzentration des Unternehmens darauf liegt, welche Produkte bzw. Dienstleistungen man verkaufen möchte. Der große Nachteil besteht darin, dass Produkte veralten – bei den sich überschlagenden High-Tech-Innovationen heute schneller denn je – oder außer Mode kommen können. Besser ist deshalb die *Problemspezialisierung:* Hinter jedem Produkt steht ein bestimmtes Problem, ein Wunsch oder ein Bedürfnis. Wer z.B. einen Bohrer kauft, möchte «Löcher in der Wand», wer ein Auto kauft, hat den Wunsch nach «Mobilität und Fortbewegung». Dieses Bedürfnis kann auf verschiedene Weise, mit unterschiedlichen Produkten, befriedigt werden, außer mit Autos beispielsweise mit Fahrrädern, Bahn- oder Flugreisen. Wer als Unternehmen an bestimmten Produkten «klebt», ohne die dahinter liegenden Bedürfnisse erkannt und verstanden zu haben, geht schlimmstenfalls mit ihnen unter, wenn sie überholt sind.

Ach, du dickes Ei!

Die Firma Adler, später Triumph-Adler, war bis Mitte der 60er-Jahre mit 64 Prozent Marktanteil weltweiter Marktführer für Schreibmaschinen und hatte eine scheinbar unangefochtene Position – bis die PC-Lawine über alle Büros hinwegrollte. Bereits Mitte der 90er-Jahre waren Schreibmaschinen zu hundert Prozent von Computern ersetzt worden. Leider dachte man bei Adler zu produktfixiert, um die seit den 80er-Jahren entstehende Konkurrenz aus einer anderen Branche, dem IT-Bereich, ernst zu nehmen. Man sah nicht, dass das hinter dem Produkt Schreibmaschine stehende Bedürfnis «Schreiben» in den Augen der Kunden mit Hilfe von PCs einfacher und leichter gelöst wurde. So hatte Adler-Triumph der neuen Konkurrenz nichts entgegenzusetzen und kämpfte ein Jahrzehnt lang in einem schrumpfenden Markt ums Überleben. Nur durch eine völlige Neudefinition des Kerngeschäfts, das Systeme zum Scannen, Drucken, Kopieren und Faxen in den Mittelpunkt rückte, und durch Partizipation an der IMM Holding konnte das Unternehmen überhaupt gerettet werden. Seine marktbeherrschende Stellung der 50er- und 60er-Jahre hat es jedoch bis heute nicht mehr erreicht.

Die Wirtschaftsgeschichte ist gepflastert mit Unternehmensleichen, sie sich von ihrer Produktspezialisierung nicht lösen konnten. Falsche Spezialisierung ist gleichbedeutend mit fehlender Strategie und führt unweigerlich in eine Abwärtsspirale von Austauschbarkeit, Konkurrenzkampf und Preisdruck.

Die dritte und höchste, weil am wenigsten angreifbare, Form der Spezialisierung ist die *Zielgruppenspezialisierung*. Darunter versteht man die Ausrichtung eines Unternehmens auf Probleme bzw. Bedürfnisse einer bestimmten Gruppe von Menschen.

Zielgruppen sind Menschen mit übereinstimmenden Wünschen, Bedürfnissen und Problemen. Nur wenn Sie sich an den Bedürfnissen einer genau definierten Zielgruppe orientieren, werden Sie langfristig Erfolg haben. Denn es sind Menschen, die über Ihren Erfolg oder Misserfolg entscheiden, nicht Produkte.

«Nicht für abstrakte Geschäftsfelder, sondern für Menschen (= Zielgruppen) sind Ihre Leistungen bestimmt.»
(Kerstin Friedrich / Lothar J. Seiwert / Edgar K. Geffroy)

Die meisten Unternehmen sprechen mit ihrem Produktportfolio
ganz heterogene Zielgruppen mit ganz unterschiedlichen Bedürfnissen an, und genau darin liegt häufig die Kernursache für Verzettelung: Wer es allen recht machen will, macht es am Ende niemandem
wirklich recht; vor allem begeistert er auch niemanden. Unternehmen, die «allen» etwas bieten wollen, haben nur «lauwarme» Kunden,
die kaum loyal oder treu sind, weil sie sich eben nur mäßig angesprochen fühlen – und zwar darum, weil die Produkte oder Leistungen
nur halbherzig auf ihre Bedürfnisse zugeschnitten sind. Begeisterung
entsteht erst dann, wenn die angebotenen Leistungen wirklich hundertprozentig den Bedürfnissen entsprechen und vielleicht sogar die
Erwartungen übertreffen.

Es gilt, Ihre bisherige Kundenstruktur unter die Lupe zu nehmen
und herauszufinden, für welche Zielgruppen Sie bisher tätig waren.
Hilfreich ist hier eine ABC-Analyse. A-Kunden sind die umsatz-
stärksten, B-Kunden leisten einen mittleren Beitrag zum Gesamt-
umsatz, und C-Kunden haben den geringsten Umsatzanteil. Sehr
häufig folgt die Kundenstruktur dem *Pareto-Prinzip:* Mit circa 20
Prozent der Kunden wird circa 80 Prozent des Umsatzes erwirtschaftet; das sind die A-Kunden. Umgekehrt gilt ebenfalls: Ungefähr 80
Prozent aller Kunden tragen lediglich zu ungefähr 20 Prozent des
Umsatzes bei; das sind die B- und C-Kunden. Die Kundenstruktur
auf diese Weise zu durchleuchten, zeigt bereits Wege auf, um künf-
tig konzentrierter vorzugehen und damit Energiefresser zu besei-
tigen.

Nun geht es nicht nur darum, mit welchen Kunden Sie den
meisten Umsatz machen, sondern vor allem darum, wie sich aus der
Kundenstruktur Zielgruppen mit gleichen Wünschen und Bedürfnissen herausfiltern lassen. Beantworten Sie daher folgende Fragen
und beziehen Sie gegebenenfalls auch Ihre Mitarbeiter mit ein:

- Welche unterschiedlichen Zielgruppen bedienen Sie bisher?
- Welche unterschiedlichen Bedürfnisse haben die einzelnen Zielgruppen?
- Welche Zielgruppen sind für Sie am angenehmsten und lohnendsten?
- Mit welcher Zielgruppe haben Sie am liebsten zu tun, zu welcher haben Sie bereits das beste Vertrauensverhältnis?
- Welche Zielgruppen haben den größten Bedarf nach Ihren Leistungen?
- Welcher Zielgruppe können Sie mit Ihrem Leistungs- und Stärkenprofil den größtmöglichen Nutzen bieten?
- Welche Zielgruppe wäre für Ihr Geschäftsfeld optimal?

Der nächste Schritt fällt meist nicht ganz so leicht, denn es geht jetzt darum, sich auf die attraktivsten Zielgruppen zu konzentrieren – und damit auch bisherige Kunden «auszusortieren», die wenig lohnend sind und kaum Freude bereiten. «Ich soll freiwillig auf Kunden verzichten? Ich bin doch um jeden froh, der kommt und kauft!», heißt es häufig. Lassen Sie sich nicht von eventuellen Ängsten beirren. Die Konzentration auf die lohnendste Zielgruppe birgt Marktchancen, die im Moment möglicherweise noch gar nicht erkennbar sind.

Die Erfahrung zeigt, dass die Neigung besteht, Zielgruppen oft zu weit zu fassen. Die Zielgruppe sollte nicht zu groß, aber auch nicht zu klein sind. Häufig ergibt eine in die Tiefe gehende Analyse, dass die Wunsch-Zielgruppe erheblich größer ist als zunächst angenommen. Wichtig ist, dass Sie das, was Sie Ihrer Zielgruppe bieten wollen, auch wirklich bieten können, was nicht der Fall ist, wenn Sie mit Ihrem Stärkenprofil deren Bedürfnisse nicht erfüllen können oder wenn sie von der Nachfrage überrollt werden und die erforderlichen Kapazitäten nicht aufbringen können.

Anstatt 10 Prozent des Bedarfs von 100 Prozent der Kunden zu decken, ist es erfolgreicher, 100 Prozent des Bedarfs von 10 Prozent der Kunden zu decken. Strategisch geschickter als allen alles bieten zu wollen, ist

es, einer klar eingegrenzten Zielgruppe etwas *Herausragendes* zu bieten. Auf diese Weise lassen sich Kunden begeistern.

Das Gelbe vom Ei

Die Mister Music Musikinstrumente GmbH hatte sich innerhalb von 15 Jahren zu einem mittelständischen Unternehmen entwickelt – bis das Unternehmen 2002 von der Konsumflaute überrollt wurde. Die Nachfrage nach Musikinstrumenten ging rapide zurück, und Mister Music geriet in einen Preiskampf gegen eine wachsende Anzahl von Billiganbietern im Internet.

Eine Kundenanalyse führte zu dem Ergebnis, dass die Käuferstruktur zu heterogen war: Die gleichzeitige Bedienung von DJs, Profi-Studios, Beschallern sowie Tanz- und Unterhaltungsmusikern hatte zu einer Verzettelung geführt. Die Produktstruktur war diversifiziert, weil man sich vergeblich bemüht hatte, es allen Zielgruppen mit völlig unterschiedlichen Angeboten recht zu machen. Man war dem Trugschluss aufgesessen: «Viele Zielgruppen bringen automatisch mehr Umsatz».

Das Unternehmen erkannte, dass die Konzentration auf die Bedürfnisse der Tanz- und Unterhaltungsmusiker am erfolgversprechendsten war. Schritt für Schritt wurden alle übrigen Kunden aufgegeben und die entsprechenden Produkte aus dem Sortiment genommen. Die Zielgruppe der Tanz- und Unterhaltungsmusiker bildete fortan den alleinigen Fokus.

Mister Musik gründete eine Kunden-Know-how-Gruppe, um genau zu erfahren, worin die Wünsche, Bedürfnisse und Engpässe dieser Amateur-Musiker, die z.B. von Privatleuten für Hochzeiten oder Geburtstage gebucht werden, lagen. Es stellte sich heraus, dass sie in ganz anderen Bereichen Unterstützung suchten als bisher angenommen. So ging es ihnen nicht, wie zunächst im Unternehmen gedacht, um technische Hilfe bei der Bedienung der mit Elektronik angereicherten Musikinstrumente, sondern darum, sich bei Auftritten besser präsentieren zu können. Der größte Engpass lag im Bereich Schulung und Ausbildung, die es bisher für Tanz- und Unterhaltungsmusiker nicht gab. Daher gründete Mister Music die Entertainer Akademie, die innerhalb von nur vier Wochen komplett ausgebucht war. Schritt für Schritt wurde das Angebot für die neue Zielgruppe entsprechend deren Wünschen dann weiter ausgebaut, unter anderem durch Einrichtung einer Internetplattform und das leihweise Zur-Verfügung-Stellen von Bühnenhintergründen. Mehr und mehr entwickelte sich Mister Music zur «Denkzentrale für Tanzmusiker» und wurde vom Produktverkäufer zum Zielgruppenbesitzer. Der Umsatz des Unternehmens entwickelt sich entgegen dem allgemeinen Branchentrend positiv: Innerhalb von nur zwei Jahren stieg er um 35 Prozent an und Mister Music wurde zum Marktführer in Baden-Württemberg. 2006 wurde Mister Music für sein strategisches Vorgehen und seine herausragende Marktpositionierung mit dem Strategie-Preis ausgezeichnet.

Ihre ausgewählte Zielgruppe sollte zu Ihrem Unternehmen und seinen Stärken hundertprozentig passen: Ideal ist es, wenn zwischen beiden ein *Schlüssel-Schloss-Verhältnis* besteht. Prüfen Sie daher genau, welches Spannungsverhältnis zu Ihrer Zielgruppe besteht:

- Ist Ihnen die Zielgruppe sympathisch?
- Haben Sie die «passenden» Mitarbeiter für die Zielgruppe?
- Haben Sie den richtigen Standort, um die Zielgruppe zu erreichen?
- Besitzt Ihre Zielgruppe die nötige Kaufkraft?
- Wie hoch ist Ihre Anziehungskraft und Attraktivität für Ihre Zielgruppe?
- Entspricht Ihr Stärkenprofil den Bedürfnissen der Zielgruppe?

15. Den genauen Bedarf ermitteln und Innovationspotenzial erkennen

Der größte Engpass Ihrer Zielgruppe

Haben Sie Ihre Zielgruppe gefunden, so besteht der nächste strategische Schritt darin, deren genauen Bedarf zu ermitteln, um ihr eine Problemlösung – ein Produkt oder eine Dienstleistung – anzubieten, die überdurchschnittlich ist und sich deutlich von dem unterscheidet, was es bereits auf dem Markt gibt. Nur wenn Ihre Lösung um Klassen besser ist als all die Durchschnittseier, wird Ihr Unternehmen in den Augen Ihrer Zielgruppe zum *bunten Ei,* das angenehm auffallend anders ist. Und nur eine herausragende Lösung führt zur Kundenbegeisterung.

 **Der Erfolg eines Unternehmens wird von der Fähigkeit bestimmt, die eigenen Leistungen besser und präziser als die Konkurrenz auf den Bedarf einer klar umrissenen Zielgruppe abzustimmen.**

Die Konzentration auf Menschen und ihre Bedürfnisse anstatt auf materielle Produkte bringt eine völlig neue Sichtweise mit sich: Der Fokus liegt nicht mehr auf der Gewinnmaximierung, sondern auf der *Nutzenmaximierung* zum Wohle der Zielgruppe. Noch immer sehen viele Unternehmen ihr höchstes Ziel darin, möglichst hohe Gewinne einzufahren. Doch es ist nicht das, was Unternehmen wirklich erfolgreich macht, wie die EKS (Engpass-Konzentrierte Strategie) herausgefunden hat. Unternehmen, die langfristig erfolgreich geworden sind, haben immer alles daran gesetzt, ihren Kunden den optimalen Nutzen zu bieten. Die sich daraus ergebenden finanziellen Gewinne sind die zwangsläufige *Folge* der Nutzenmaximierung, aber nicht das oberste Firmenziel.

«Wer stets den Nutzen seiner Zielgruppe steigert, erzielt seinen Gewinn automatisch.» (Wolfgang Mewes)

186

Betrachten Sie Ihr Unternehmen und Ihr Leistungsangebot aus der Sicht Ihrer Zielgruppe, am besten gemeinsam mit Ihren Mitarbeitern. Versetzen Sie sich in deren Lage und finden Sie heraus, welche Probleme sie haben könnte und welche Sie deutlich besser als bisher lösen könnten:

- Welche Problemlösung bietet Ihre Leistung zurzeit?
- Was wäre in den Augen Ihrer Zielgruppe an Ihrem Angebot verbesserungsfähig oder -würdig?
- Wie können Sie sich deutlicher von Ihren Wettbewerbern abheben?
- Worin könnte Ihr einzigartiger Wert für Ihre Zielgruppe bestehen?
- Was könnte Ihr Unternehmen in den Augen Ihrer Zielgruppe einzigartig machen?
- Welches drängendste Problem hat Ihre Zielgruppe?

«Menschen, die aufs Ganze gehen, erzielen Spitzenleistungen, nicht solche, die sich nur halb einsetzen.» *(Norman Vincent Peale)*

Von einer Zielgruppe erwünschte Problemlösungen sind nicht alle gleichwertig oder gleichwichtig, sondern es bestehen unterschiedliche Spannungsverhältnisse: Manches Bedürfnis hat eher einen untergeordneten Charakter, manches ist wichtig, und manches ist so dringend, dass die Kunden alles dafür tun würden, um eine entsprechende Problemlösung sofort zu erwerben, weil deren Fehlen sie an der Weiterentwicklung hindert. Gerade in den *dringendsten* Bedürfnissen einer Zielgruppe liegen die *größten* Chancen für ein Unternehmen. Denn hier sind, energetisch gesehen, die Spannung und der Engpass am größten. Daher ist es wichtig, sich nicht einfach in der Lösung irgendwelcher beliebigen Probleme der Zielgruppe zu verzetteln, sondern möglichst brennende Probleme ausfindig zu machen und diese zu lösen.

«Je genauer Sie auf ein brennendes Problem Ihrer Zielgruppe zielen, desto größer wird Ihr Erfolg sein.»

(Kerstin Friedrich / Lothar J. Seiwert / Edgar K. Geffroy)

Sie sind bereits nahe daran, eine *Innovation* zu entwickeln, die in der erstmaligen Lösung eines besonders drängenden Problems besteht. Entscheidend ist dabei einzig und allein, welches Problem die Zielgruppe selbst für ihr wichtigstes hält – nicht, welches *Sie* für am wichtigsten halten.

Ach, du dickes Ei!

Die Parkplätze füllen sich: ein Auto – zehn Auto – hundert Autos – tausend Autos. Wie verabredet, steigen Hunderte von Müttern am frühen Morgen beinahe gleichzeitig aus ihren komfortablen Family-Vans aus. Die Kofferraumklappen öffnen sich, mit zwei Handgriffen sind die Buggys auseinandergenommen und der plärrende Nachwuchs hereingesetzt. Ab geht's in den Möbelmitnahmemarkt Richtung Spielecke mit Kinderbetreuung. Es ist Vorweihnachtszeit.

Sobald der Nachwuchs in der Kinderspielecke gut versorgt ist, schwärmen die Mütter wie Bienen über IKEA aus, um Weihnachtsgeschenke für die ganze Familie einzukaufen. Wenn sie fertig sind, geht es inklusive Nachwuchs zunächst ins IKEA-Restaurant, bevor alle wieder, frisch gestärkt und reichlich bepackt mit Geschenken, nach Hause fahren.

Derweil sieht es in den Innenstädten so aus: überfüllte Parkplätze, ansprechend dekorierte Schaufenster mit tollen Geschenken, liebevoll aufgebaute Weihnachtsbeleuchtung in den Fußgängerzonen – aber gähnende Leere in den Geschäften. Die Einzelhändler drehen Däumchen und klagen am Jahresende wieder über mickrige Weihnachtsumsätze, während bei IKEA die Kassen heiß klingeln.

Alle Jahre wieder, so könnte man sagen. Denn längst kennen die IKEA-Verantwortlichen dieses Phänomen, für das sie zu Anfang keine Erklärung hatten. Nachdem sich zum wiederholten Male vor Weihnachten das IKEA-Wunder ereignete, ist man mittlerweile bestens präpariert, hat für eine größere Produktauswahl gesorgt und sich zudem mit Aushilfs-

personal einschließlich Erzieherinnen für die Kinder reichlich eingedeckt.

IKEA – die neue Abkürzung für **I**m **K**inderwagen **E**inkaufen und
Ausruhen? Mal ehrlich, sehr viel mehr als Möbel und Haushaltsge-
genstände gibt es dort doch nicht zu kaufen! Es gibt jedenfalls *keine*
Bücher, *keine* Reisen, *keine* Garderobe, *keinen* Schmuck und *keine*
Spielsachen – also keine weihnachtstypischen Geschenke. Da wird
wohl so manches Øre-Møre-Smørebrød-Kaffeeservice und so manche
Bestå-Enøn-Bjørnholmen-Möbelkombination auf dem Gabentisch
wohl nur ein süß-saures Lächeln bei den Beschenkten hervorgerufen
haben!

Des Rätsels Lösung? IKEA erfüllt genau den *drängendsten Bedarf* vieler Kunden in der Vorweihnachtszeit. Und der besteht eben nicht in
erster Linie darin, tolle Geschenke zu finden, sondern

1. mühelos einen Parkplatz zu bekommen, dort ungestört und kostenlos so lange wie möglich parken zu können sowie
2. den Nachwuchs über mehrere Stunden gut versorgt zu wissen,
   und zwar in den Händen ausgebildeter Erzieherinnen, die mit
   Kindern umgehen können.

Erst an dritter Stelle rangieren dann die Weihnachtsgeschenke selbst,
wobei die Käufer offenbar sogar Einbußen in der Auswahl hinneh-
men und erheblich längere Wegstrecken und Fahrtzeiten einplanen,
wenn Problem 1 und 2 nur gut gelöst sind.

Das Beispiel zeigt, wie sehr sich Unternehmen beim Bedarf ihrer
Kunden verschätzen können. Manchmal hat der drängendste Bedarf
gar nichts mit den Produkten oder Leistungen selbst zu tun, sondern
mit gewissen «Rahmenbedingungen», die für die Käufer nicht stimmen. Im beschriebenen Fall ließe sich das Problem für die Einzelhändler in den Innenstädten leicht lösen. Zwar kann die Parkplatznot kaum beseitigt werden, doch man kann den Kunden z.B.
Parkscheiben schenken und ihnen die Parkgebühren erstatten. Viele
Geschäfte sind zu klein, um eine Kinderbetreuung anzubieten, aber
die Kooperation mit mehreren anderen Geschäften könnte Abhilfe

schaffen: Zusammen könnte man zentral in der Innenstadt einen entsprechenden Raum für Kinder inklusive Erzieherinnen zur Verfügung stellen, auf diese Weise die drängendsten Probleme der Käufer lösen und nicht zuletzt den eigenen Umsatz beflügeln.

Innovationen müssen längst nicht immer «weltbewegend» sein. Häufig bestehen sie nicht in einer verbesserten Technik oder in neuartigen Produkten, sondern in einer gezielten Lösung von scheinbar «nebensächlichen» Problemen, die von den Kunden aber als zentral empfunden werden.

Um den Bedarf genau zu ermitteln, brauchen Sie den *direkten Kontakt* zu Ihrer Zielgruppe, damit Sie die Bedeutung der von Ihnen zunächst theoretisch in Erwägung gezogenen Problemlösungen klar beurteilen können. Um die Wünsche und Bedürfnisse Ihrer Zielgruppe zu erkennen, hören Sie ihr am besten mit vielen Ohren zu: Fokusgruppen, Umfragen, Chat-Groups, Kundenclubs, Befragungen, Gespräche und Reklamationsauswertungen sind einige Möglichkeiten.

Innovative Unternehmen bilden häufig Kundengruppen aus sogenannten *Lead Users,* die als Pioniere neue Produkte kaufen und nutzen, lange bevor andere Kunden ihren Bedarf erkennen. Lead Users sind gewissermaßen bunte Eier unter den Kunden, weil sie höhere Anforderungen stellen als Durchschnittskunden und oftmals selbst mit eigenen Problemlösungen an der Verbesserung von Produkten arbeiten. Von diesen Vorreitern unter den Kunden können Unternehmen viel lernen, um ihre Produkte dem Bedarf, auch dem latent vorhandenen, besser anzupassen und zu optimieren. Der Einsatz von *Lead Users* – wie auch die Befragung der eigenen Kunden – ist vielversprechender und konkreter als eher theoretisch angelegte und zudem häufig sehr teuren Marktforschungen.

Das Gelbe vom Ei

In der virtuellen Google-Group *alt.coffee* tauschen sich Kaffeegenießer über die Verbesserungen von Kaffeemaschinen und Röstgeräten aus. Unter *outdoorseiten.net* entwickeln Wanderbegeisterte und Bergsteiger ihr eigenes Equipment, und bei *chefkoch.de* arbeiten Kochfans an der Optimierung von Küchengeräten und Kochutensilien. Das sind nur einige der vielen Fundgruben im Internet, die sich Unternehmen zunutze machen können, um ihren Bedarf genauer auf ihre Zielgruppe abzustimmen.

Hält man sich vor Augen, dass sich heute im Durchschnitt nur zehn Prozent aller Innovationen oder Weiterentwicklungen am Markt durchsetzen, so zeigt sich, wie unentbehrlich der *direkte* Zielgruppenkontakt für die genaue Anpassung der Produkte und Dienstleistungen an den Bedarf ist.

Haben Sie Ihre Zielgruppe eingegrenzt und den Bedarf inklusive des drängendsten Problems ermittelt, so können Sie bereits die Ladenhüter in Ihrem Sortiment ausmisten: Alle Produkte oder Dienstleistungen, die nicht oder kaum nachgefragt werden, sind nichts weiter als faule Eier, die nur Energien (Zeit, Lagerplatz, Kosten, Personalaufwand) fressen. Eliminieren Sie sie, um sich auf das Wesentliche konzentrieren zu können. Häufig folgt auch das Leistungsangebot dem Pareto-Prinzip: Mit 20 Prozent der Produkte oder Dienstleistungen werden bereits 80 Prozent des Umsatzes erwirtschaftet, während die restlichen 80 Prozent enorm viel Aufwand erfordern, aber unter dem Strich kaum rentabel sind.

Das A und O, um bedarfsgerechte Produkte und Dienstleistungen zu entwickeln, ist es, dass Sie in die Mokassins Ihrer Zielgruppe schlüpfen und die Welt aus ihrer Perspektive sehen. Das fällt leichter, wenn Sie Porträts typischer Zielgruppenvertreter entwerfen und mit Leben füllen, denn «die Zielgruppe» ist nur ein abstrakter Begriff. Finden Sie – am besten gemeinsam mit Ihren Mitarbeitern – Antworten auf folgende Fragen, um Ihre Zielgruppe vor Ihren Augen lebendig werden zu lassen und ihre Wünsche und Bedürfnisse noch klarer zu erkennen:

- Wie lauten die Namen einschlägiger Zielgruppenvertreter?
- Wo wohnen sie jeweils?
- Welche Hobbys haben sie?

- Wie ist die familiäre Situation?
- Wie ist die gesellschaftliche und soziale Situation?
- Welche Probleme, Wünsche und Bedürfnisse haben sie jeweils?
- Was tun Sie dafür und welchen Service bieten Sie speziell an?

Das Gelbe vom Ei

Ein Blumengeschäft hat folgende ebenso humorvolle wie ernst zu nehmende Kundentypologie entwickelt:

- Isolde Meyer von der Heide, ist ein eleganter schräger Typ, 60 Jahre alt und ledig. Sie besitzt eine Eigentumswohnung, macht gerne Städtereisen und kauft regelmäßig viele neue Sachen.
- Renate Meyer ist 55 Jahre halt, von Beruf Bäuerin und hat zwei erwachsene Kinder. Sie ist Vorsitzende bei den Landfrauen, meist schlecht gelaunt und hat ihren Mann «fest unter dem Pantoffel». Sie kommt nur einmal im Monat, kauft dann aber gleich für 30 bis 300 Euro ein.
- Hermann der Westfale ist ca. 60 Jahre alt, bedächtig und von Beruf Bauer oder Jäger. Über private Themen äußert er sich gar nicht, kennt sich aber mit Pflanzen bestens aus. Er kauft qualitätsbewusst ein.
- Sabine Würtz ist 27 Jahre, ledig und Bürokraft. Sie hat eine kleine Wohnung und von Pflanzen keine Ahnung. Sie benötigt viel Beratung und sucht vor allem pflegeleichtes Grün.
- Marianne Türling ist 61 Jahre alt und alleinstehend. Sie telefoniert ständig und wohnt in einer alten Siedlung. Ihr Vorgarten ist ordentlich bepflanzt. Meist ist sie unentschlossen und fragt hintereinander drei verschiedene Mitarbeiter für ein und denselben Bepflanzungswunsch, um am nächsten Tag doch nur für 8,30 Euro einzukaufen.
- Sabine Gabel-Last ist 33 Jahre alt, Hausfrau und hat zwei kleine Kinder. Sie besitzt ein eigenes Haus, tritt selbstbewusst auf und kommt alle drei bis vier Wochen, um für 20 bis 30 Euro einzukaufen. Qualität ist ihr sehr wichtig.
- Bernadette Hausmann ist 37 Jahre alt und ledig, von Beruf Bekleidungstechnikerin. Ihre Hobbys sind Radfahren, Kochen, Reisen und Shoppen. Von Gartenzeitschriften lässt sie sich gerne inspirieren und kauft bevorzugt Außenpflanzen. Sie hat einen eigenen Gärtner.

- Julia Schulze ist 24 Jahre alt und wohnt mit ihrem Freund zusammen. Sie ist BWL-Studentin, tritt sportlich lässig auf und kauft gerne Grünpflanzen.

Eine Kundentypologie schärft nicht nur das Bewusstsein dafür, ob Sie Ihre Zielgruppe klar definiert haben, sondern sie hilft auch im täglichen Kundenkontakt den Mitarbeitern, Neukunden richtig einzuschätzen und richtig anzusprechen. Sie gibt ebenso Hinweise, wie unterschiedliche Kundentypen begeistert werden können. Hermann der Westfale muss beispielsweise auf ganz andere Weise angesprochen und mit anderen Service-Überraschungen verblüfft werden als Julia Schulze oder Bernadette Hausmann. Es reicht allerdings nicht aus, lediglich eine Kundentypologie zu erstellen, sondern auch der Umgang mit den einzelnen Kundentypen will gelernt sein. Typische Verkaufssituationen mit den einzelnen Typen sollten im Training durchgespielt und mehrfach geübt werden.

Eine Kundentypologie zu entwickeln, indem man die Zielgruppe nach «konkreten» unterschiedlichen Vertretern aufschlüsselt, hilft auf dem Weg zu einem zielgruppenbewussten Denken und Handeln.

Unternehmen, die sich konsequent am Bedarf ihrer Zielgruppe orientieren, gehen spitz und konzentriert vor und entwickeln sich in die *Tiefe,* während eine Fokussierung auf Produkte lediglich eine Entwicklung in die Breite und Austauschbarkeit fördert. Je mehr ein Unternehmen seine Leistungen und Produkte auf die Bedürfnisse seiner Zielgruppe abstimmt und optimiert, desto mehr entwickelt es konkurrenzlose Spitzenleistungen. Es verwächst sozusagen mit seinen Kunden: Es wird in den Augen seiner Zielgruppe unentbehrlich, unverwechselbar und einzigartig, weil es einen *zwingenden Nutzen* bietet, den andere Konkurrenten nicht bieten.

Unternehmen, die sich auf diese Weise am Markt positionieren, werden zu *Zielgruppenbesitzern,* das heißt, sie haben treue und loyale Kunden, die auf sie schwören, weil sie begeistert sind. Langfristig ist es dann von Vorteil, sich auf die *Grundbedürfnisse* einer Zielgruppe zu spezialisieren, die im Gegensatz zu den Produkten konstant bleiben. Diese Problemspezialisierung gewährleistet, dass das Unternehmen auch bei wechselnden und immer wieder veraltenden Produkte *flexibel* im Finden von neuen Lösungen für die Kunden bleibt.

Zielkonflikte erkennen und vermeiden

Ach, du dickes Ei!

Sind Sie auch Kunde beim Norma-Lidl-Plus-Penny-Preisfux-Mini-Mal-Netto-Real-Markt? Bei einem dieser Lebensmitteldiscounter, von denen mehrere nur eine mäßig gute Aldi-Kopie sind, passiert einmal pro Woche etwas *ganz Aufregendes*. An diesem Tag tragen nämlich alle Mitarbeiter T-Shirts mit der Aufschrift: «Wir werden Sie begeistern!» Was sonst noch passiert, möchten Sie wissen? Eigentlich gar nichts! Nur eben diese *außergewöhnlichen* T-Shirts, die wir an den Mitarbeitern bewundern dürfen.

Klar, wenn dann wieder matschige Tomaten in der Gemüseauslage liegen, die Milch mit abgelaufenem Verfallsdatum noch verkauft wird, die Tiefkühltheke bei der schwülen Sommerhitze ihren Geist aufgibt und die Butter schmilzt, dann schmelzen auch die Kunden buchstäblich vor Begeisterung dahin. Ganz besonders begeistert sind Kunden in diesem Markt immer wieder von den endlos langen Kassenschlangen, die sich gelegentlich auch schon mal durch den ganzen Laden hindurchziehen, bis irgendein Kunde brüllt: «Machen Sie doch endlich mal eine zweite Kasse auf!» «Geht nicht», ruft es sofort aus irgendeiner Ecke, «die Kollegin muss jetzt Statistik machen. Bedanken Sie sich bei der Zentrale!» Und prompt hallt dem Satz «Wir werden Sie begeistern!» vieltausendfach das Echo der Kunden entgegen: «Wann denn? Wann denn? Wann denn?»

Reagieren dann auch noch die stets überforderten und mit der Ein- und Umsortierung von Ware dauerbeschäftigten Mitarbeiter auf Kundenfragen nach irgendwelchen Produkten verschnupft, dann hat der Kunde zumindest eines verstanden: Draußen winken fröhlich lachend die kleinen Preise, und drinnen …

Damit die Kunden nicht zu sehr begeistert sind, tragen die Mitarbeiter diese aufregenden T-Shirts nur an einem einzigen Wochentag, nämlich samstags. Warum ausgerechnet an diesem Tag? Keine Ahnung! Wahrscheinlich weil samstags die Kassenschlangen besonders lang sind. Den Rest der Woche können wir uns die Begeisterung schenken – wir wollen ja nicht gleich übermütig werden. Vielleicht ist ja deshalb die Aufschrift auf den T-Shirts im Futur gehalten, damit man sich im Lebensmittelmarkt nicht so genau festlegen muss, wann denn die Kundenbegeisterung in der Zukunft stattfinden wird.

Der Lebensmitteldiscounter ist prototypisch für das, was auch in vielen anderen Geschäften immer wieder zu beobachten ist: Basis- und Leistungsanforderungen, deren Erfüllung die Kunden selbstverständlich erwarten, werden nicht sicher beherrscht; trotzdem wird versucht, Begeisterungsfaktoren «oben drauf» zu setzen. Das kann natürlich nicht funktionieren, denn wenn schon die Basis nicht stimmt, dann kann auch keinerlei Begeisterung bei den Kunden geweckt werden. Basisfaktoren sind bei einem Lebensmittelgeschäft frische Ware, gültige Haltbarkeitsdaten, funktionierende Tiefkühltheken; ein echter Leistungsfaktor ist eine schnelle Abfertigung an der Kasse. Und mehr wollen Kunden von einem Discounter, der ja lediglich als Grundversorger auftritt, auch nicht. Kein Kunde erwartet, dass ausgerechnet in einem solchen Geschäft das Einkaufen zum Erlebnis wird. Preisgünstige Ware und schneller Kassendurchlauf – das ist es, was der Kunde sich vom Discount wünscht.

Hinzu kommt, dass die Begeisterungsfaktoren beim beschriebenen Discounter mehr als diffus sind. Sie werden nirgendwo erklärt, bleiben irgendwie der Fantasie der Kunden überlassen und beschränken sich letztlich auf eine leere Beschwörungsformel auf der Arbeitskleidung der Mitarbeiter.

Es bringt nichts, Begeisterungsfaktoren aufbauen zu wollen, solange die Basis- und die Leistungsfaktoren nicht stimmen oder nicht sicher beherrscht werden. Zunächst einmal müssen die elementaren Bedürfnisse der Kunden erfüllt sein, bevor man sich überlegen kann, wie sich die erbrachten Leistungen übertreffen lassen.

Und noch etwas lehrt uns das Beispiel des Lebensmitteldiscounters: Es gibt einen grundsätzlichen Zielkonflikt zwischen Preis und Servicequalität. Ist der Preis der Waren – wie bei allen Discountern – niedrig, so ist die Servicequalität ebenfalls niedrig. Das geht nicht anders, denn aufgrund des hohen Kostendrucks und der hohen abzusetzenden Stückzahlen müssen Discounter eine *Null-Service-Strategie* fahren. Im Massenverkauf bleibt kein Platz für individuelle Beratung und persönliche Betreuung der Kunden. Darum ist es auch unsinnig, im Discount Begeisterungsfaktoren einführen zu wollen, wie es der Lebensmitteldiscounter etwas ungeschickt versucht hat.

«Begeisterung ohne Wissen ist wie Rennen in der Dunkelheit.»
(Amerikanisches Sprichwort)

Wer umgekehrt eine hohe Servicequalität mit entsprechend intensiver Käuferberatung und verschiedenen anderen Begeisterungsfaktoren bieten möchte, der muss zwangläufig auch höhere Preise nehmen, weil er nur kleinere Stückzahlen abverkaufen kann. Ja, der höhere Preis ist für den Kunden geradezu ein deutliches Signal dafür, dass er mit guter Beratung rechnen kann!

Der Zielkonflikt zwischen Preis und Servicequalität lässt sich nur durch eine *klare Entscheidung* für eine der beiden Seiten auflösen: Entweder Sie entscheiden sich mit Ihrem Unternehmen für den Absatz großer Stückzahlen bei niedrigen Preisen oder Sie entscheiden sich für hohe Servicequalität. Wer beides gleichzeitig zu realisieren versucht, wie es leider heute vielfach geschieht, verzettelt sich in einem Spagat und hinterlässt nur ein diffuses Bild, denn der Kunde kann nicht erkennen, wo er das Geschäft einordnen soll. Außerdem gerät ein Unternehmen, das beides gleichzeitig versucht, in einen aussichtslosen Preiskampf. Denn es ist völlig ausgeschlossen, auf der einen Seite die Preise senken und auf der anderen Seite die Servicequalität erhöhen zu wollen.

Das Problem ist heute vielfach das Nachahmen: Eher kleinere Geschäfte versuchen, mit den großen Anbietern aus der Industrie mitzuhalten und ebenso niedrige Preise zu bieten. Doch statt zu kopieren, gilt es zu kapieren, was die eigene Zielgruppe wirklich wünscht. Gerade für kleinere Geschäfte gibt es oft interessante *Marktnischen* zwischen den großen; diese bestehen in der Erfüllung von Bedürfnissen bestimmter Zielgruppen, um die sich die großen nicht kümmern. Kleinere Unternehmen müssen, um in die Gewinnzone zu kommen, häufig höhere Preise verlangen, können aber durch Begeisterungsfaktoren im Bereich von Beratung und Service punkten. Dann müssen Beratung und Service aber wirklich *erstklassig* sein, um als solche wahrgenommen zu werden, und dürfen sich nicht auf oberflächliche Zwei-Minuten-Verkaufsgespräche mit der Laufkundschaft beschränken.

Damit wir uns nicht missverstehen: Es ist nichts Schlechtes am Discount, Geiz wird geil bleiben. Der Kunde entscheidet, wo er kaufen will. Die Deckung des Grundbedarfs, gleich ob bei Lebensmitteln, Kleidung oder Schuhen, ist notwendig und sinnvoll. Es gilt lediglich, strategisch klar zu entscheiden, auf welcher Seite man mit dem eigenen Unternehmen stehen möchte, und entsprechend der einmal getroffenen Entscheidung konsequent zu handeln.

Entscheidend für die Wahl zwischen Discount und Servicequalität ist letztlich einzig und allein, worin einerseits der Bedarf der ausgewählten Zielgruppe besteht und was man andererseits mit dem eigenen Stärkenprofil leisten kann. Beides muss zusammenpassen.

Das Gelbe vom Ei

Die Hotelkette Etap hat sich klar entschieden, wo sie steht. In den Radiospots heißt es: «Keine Minibar? Nö! Keine Sauna? Nö! Kein Pornokanal? Nö! Geil! Denn alles, was Sie nicht brauchen, müssen Sie im Etap Hotel auch nicht bezahlen.» Die Hotelmarke Etap ist ein Discounter, der die Anzahl der in teureren Hotels vielfach vorhandenen, aber oft nur wenig genutzten Serviceleistungen drastisch heruntergeschraubt hat. Wesentlich ist nur die Übernachtung selbst, und die wird schon unter 50 Euro angeboten.

Ein Unternehmen, das zwischen vielen industriellen Großbetrieben eine Marktnische erfolgreich besetzt und eine klare Strategie hat, ist die Fleischerei Richter.

Fleischerei Richter – ein buntes Ei in der Fleischbranche

Unter schwierigsten Bedingungen gründete 1969 der Unternehmer Dieter Richter im sächsischen Oederan bei Chemnitz eine Fleischerei mit fünf Beschäftigten – schwierig darum, weil die Fleischerei einer der ganz wenigen selbstständigen Betriebe in der damaligen DDR war und sich trotz eines schier unglaublichen Steuersatzes von über 90 Prozent erfolgreich behauptete, ja bis 1989 sogar noch bescheiden expandierte. In der Mangelwirtschaft des Sozialismus besetzte Richter erfolgreich eine Marktnische, indem er Kantinen industrieller Großbetriebe mit Fleisch- und Wurstwaren belieferte.

Nach der Wende konnte sich die unternehmerische Kraft des Betriebs voll entfalten. Man investierte 1995 in den Bau einer riesigen Fleischfabrik, einen EU-konformen hochmodernen Verarbeitungsbetrieb mit einer Betriebsfläche von 15.000 Quadratmetern, und in den Aufbau eines großen Filialnetzes. Heute hat die Fleischerei Richter 115 Filialen in Sachsen, Sachsen-Anhalt und Thüringen und beschäftigt über 700 Mitarbeiter, und das obwohl Richter in einem schrumpfenden Markt tätig ist.

«Als Familienunternehmer liegen unsere Wurzeln im ‹Echt Erzgebirgischen›, und dieser Tradition fühlen wir uns verpflichtet», erklärt Marco Richter, Mitglied der Geschäftsführung. «Wir wollen für unsere Region etwas Einzigartiges schaffen und geben uns niemals zufrieden, wenn es um die Kundenbedürfnisse geht.» Den Bedarf der regionalen Zielgruppe hat das Unternehmen klar erkannt: regionalspezifische Wurstprodukte, darunter viele Spezialitäten, die sich durch Qualität und Frische auszeichnen. «Qualität und Frische» – das sind zwei Etiketten, die heutzutage vielen Produkten angehängt werden, aber die Verbraucher häufig nicht überzeugen, weil sie sie als bloße Werbung durchschauen.

Bei der Fleischerei Richter ist das anders. «Wir verarbeiten nur bestes Fleisch aus artgerechter Tierhaltung von Betrieben aus unserer Region. Zum Veredeln verwenden wir nur wertvolle Zutaten und ausgesuchte Rohstoffe», erläutert Dennis Richter, Mitglied der Geschäftsführung. Dass dies tatsächlich so ist, belegt eine endlos lange Liste von Auszeichnungen und Preisen, die das Unternehmen für Produkte wie Käsebeißer, Erzgebirgssalami, Erzgebirgische Rauchspitzen und Gutshofschinken erhalten hat. Allein im Jahre 2006 erhielt die Fleischerei 11 Gold-, 7 Silber- und 4 Bronzemedaillen des Testzentrums Lebensmittel der Deutschen Landwirtschafts-Gesellschaft (DLG). Die Produkte bestanden umfangreiche Tests, die auf der Basis wissenschaftlich abgesicherter Prüfmethoden und produktspezifischer Qualitätsstandards durchgeführt wurden. «Das positive Testergebnis ist ein Beleg für die nachhaltige Qualitätsarbeit der Fleischerei», bestätigt Karin Hillgärtner, Projektleiterin im Testzentrum Lebensmittel. Außerdem erhielt das Unternehmen 2007 den Gistazert-Award, eine Auszeichnung der Fleischwarenindustrie für hohes Qualitätsmanagement im Sinne des Verbraucherschutzes sowie soziales Engagement. 130 Tonnen «richterfrische» Wurst- und Pökelwaren sowie Feinkostartikel gehen in den Filialen wöchentlich über den Ladentisch.

Doch nicht nur für seine Produkte erhielt Richter zahlreiche Preise, sondern auch für seine Unternehmensstrategie und sein Ausbildungskonzept. So wurde dem Unternehmen 2007 der renommierte Marketing-Preis der deutschen Fleischwirtschaft für das «innovativste Markenkonzept» verliehen. Die zielgerichtete Entwicklung eines kundenorientierten Filialnetzes sowie die professionelle Bekanntmachung der Marke Richter seien höchst beispielhaft und bemerkenswert, hieß es bei der Begründung für die Preisverleihung. Im selben Jahr erhielt das Unernehmen den «Großen Preis des Mittelstandes» der Oskar-Patzelt-Stiftung in Magdeburg. Er steht für die Förderung und Unterstützung der Selbständigkeit mittelständischer Unternehmen. Das Unternehmen überzeugte die Jury nicht nur mit seinen Markenprodukten, sondern auch mit der modernen Produktion in Verbindung mit handwerklichen traditionellen Herstellungsverfahren.

«Die vielen Preise, die wir bekommen, sind das Ergebnis der fleißigen Arbeit unserer Mitarbeiter», freut sich Marco Richter. Deshalb investiert die Fleischerei auch sehr viel mehr in die Aus- und Weiterbildung der Mitarbeiter als andere Betriebe. Nachdem das Unternehmen in der Vergangenheit schon für seine Azubi-Ausbildung zum «Ausbilder des Jahres 2005», zum «Ausbildungs-Ass 2005» und von der Bundesagentur für Arbeit mit dem Preis «Wir bringen den Ball ins Rollen» ausgezeichnet wurde, entschloss man sich zu einem mutigen neuen Schritt: Im Juni 2006 wurde die Richter-Akademie gegründet. «Nur wer engagierte und qualifizierte Mitarbeiter beschäftigt, die den vielfältigen Aufgaben des Arbeitsalltages mit Kompetenz und Kreativität begegnen, wird zukünftig erfolgreich den Herausforderungen gewachsen sein», so das Credo von Richter. Die Richter-Akademie veranstaltet Seminare, Trainings und Workshops für alle Mitarbeiter und bildet außerdem junge Führungsnachwuchskräfte aus, auch Azubis. An der Akademie gibt es keine direkten Unterrichtsfächer, sondern es werden verschiedene Seminare durchgeführt zu Themen wie «Erfolg durch Kundenbegeisterung», «Führung: Mitarbeiter motivieren», «Zeit- und Selbstmanagement» und «Präsentation und Rhetorik». Der Einsatz moderner Lehrmethoden wie Kreativitäts- und Motivationstechniken, gehirngerechte Lernmethoden und Exkursionen ist selbstverständlich, alles konsequent einfach ohne pseudowissenschaftliche Inhalte. Im Mittelpunkt steht immer der Arbeitsalltag mit konkreten Praxisbeispielen und der aktiven Einbeziehung aller Teilnehmer. Dabei geht es nicht allein um Wissensvermittlung, sondern vor allem um den Lernerfolg und die gelungene Umsetzung in die Praxis. Die Dozenten kommen aus dem Unternehmen selbst oder sind externe Freiberufler.

Stefanie Seifert, Auszubildende im zweiten Lehrjahr, schwärmt von der Richter-Akademie: «Hier wird uns gezeigt, was auf eine Führungskraft zukommt – mit allen Vor- und Nachteilen». Bei Richter gibt es sogenannte «Junior-Filialen», die von Azubis eigenständig geleitet werden. Zwölf Wochen lang sind sie als Chefs verantwortlich für Verkauf, Personalplanung, Bestellung der Ware und

Sonderaktionen. Auch die Junior-Filialen konnten schon Umsatzzuwächse verzeichnen.

Motivierte und gut ausgebildete Mitarbeiter sind bei Richter die treibende Kraft für Qualität, Effizienz und Wachstum – und sie begeistern mit selbständig durchgeführten Aktionen die Kunden, denn das Unternehmen ist nicht in der «Metzgerbranche», sondern in der «Erlebnisbranche» tätig. Hier lebt der Spruch «Menscherlebnis geht vor Materialerlebnis». Der wirkliche Mehrwert sind die Mitarbeiter, die immer wieder aufs Neue den Kundenkontakt inszenieren und dem Kunden einen Genuss vermitteln. In vielen Bereichen ergreift Richter die «Chance des Ersten», denn nur der frühe Vogel fängt den Wurm.

In den Richter-Filialen lässt man sich vieles einfallen, um die Kunden zu überraschen und zu verblüffen, z.B. mit einer Frühstückstütenaktion: In drei verschiedenen Städten wurden in Kooperation mit einer Bäckerei eine ganze Nacht lang Frühstückstüten gepackt und am nächsten Morgen ab sechs Uhr an Hauptverkehrspunkten an Passanten verschenkt. Die Mitarbeiter freuten sich über die glücklichen Gesichter der Menschen am frühen Morgen. Die Beschenkten waren so begeistert, dass viele sogar Dankesschreiben schickten. Die Aktion diente unter anderem der Neukundengewinnung in Regionen, in denen der Bekanntheitsgrad der Fleischerei Richter und ihrer Produkte noch nicht so hoch ist.

Kundenabende gehören ebenfalls zu den durchgeführten Aktionen: Den Kunden werden verschiedene Produkte vorgestellt, und sie werden zu einer Verkostung eingeladen. Bei dieser Gelegenheit informieren die Mitarbeiter über das Unternehmen und stellen ihre Filiale mit allen Ansprechpartnern vor. So wird eine persönliche Beziehung zwischen Mitarbeitern und Kunden aufgebaut, denen die Abende noch lange in Erinnerung bleiben.

Eine weitere Initiative von Richter-Mitarbeitern war der Kundentag in einer Markthalle. Mit allen daran teilnehmenden Händlern wurde ein spezielles Konzept entwickelt. So verteilten eine Woche vor Start des Kundentages Mitarbeiter in historischer Tracht Werbemittel vor der Markthalle, um auf das bevorstehende Ereignis aufmerksam zu machen. Die Händler ließen sich etwas Besonderes einfallen, um die Kunden an jenem Tag zu überraschen. Eine Mitarbeiterin der Fleischerei Richter stand in Schwarzwaldtracht hinter der Theke, schenkte jedem Kunden eine Rose und lud ihn zu einem Glas Sekt ein. Die Kunden durften mit einem großen Würfel um Gewinne würfeln. Die Auszubildenden liefen während des gesamten Tages mit einem Bauchladen in und um die Markthalle herum, um Interessenten zu Verkostungen einzuladen und Bonuskarten zu verteilen. Resümee: Die Kunden hatten so etwas noch nie zuvor erlebt und waren kauffreudig. Der enorme Aufwand für die Vorbereitung des Kundentages lohnte sich, denn die Kundenbindung zum Standort Markthalle und zu den Verkäuferinnen erhöhte sich spürbar.

Es ließen sich hier noch viele weitere Aktionen zur Kundenbegeisterung vorstellen, die Maria Ernstberger, Mitglied der Geschäftsführung und Vertriebsleiterin des Einzelhandels, mit ihrem hervorragenden, kompetenten Team realisiert hat. Inzwischen werden einige Konzepte sogar von Mitbewerbern kopiert. Doch was nützt es, wenn der Geist darin fehlt, und die Kundenbegeisterung nicht, wie bei Richter, fester Bestandteil der Unternehmensphilosophie ist und ganzheitlich gelebt wird? Dann bleiben solche Aktionen Eintagsfliegen ohne Wirkung.

Die Voraussetzung für Kundenbegeisterung sind *begeisterte und motivierte Mitarbeiter*. Und, so muss hinzugefügt werden, *gesunde* Mitarbeiter. Der Arbeitsalltag in der Produktion ist vielfach harte «Knochenarbeit». Marco Richter liegt die Gesundheit seiner Mitarbeiter am Herzen. Daher bezahlt er allen das Training in einer Rückenschule, auch wenn es zur Arbeitszeit stattfindet. «Ein Unternehmen wie unseres, das frische Produkte produziert, braucht frische Mitarbeiter», so seine Begründung in einem Fernsehinterview der ARD für die Sendung «plusminus».

Die Fleischerei Richter – eine Erfolgsgeschichte mit vielen Fortsetzungen. Man darf gespannt darauf sein, wie sich der mittelständische Familienbetrieb aus Ostdeutschland in Zukunft weiterentwickeln und womit er seine Kunden noch begeistern wird. Das Motto des Firmengründers Dieter Richter «Vorwärts – vorwärts – vorwärts, denn Stillstand ist Rückschritt» beflügelt das Unternehmen, das sich nicht nur in der Fleischbranche, sondern weltweit auch in anderen Märkten Ideen für Innovationen holt. «Unser Erfolg beruht auf vielen Säulen, aber eines verbindet diese Säulen miteinander: Es sind die Menschen aus unserer Region, unsere Mitarbeiter und unsere Kunden. Nur mit ihnen können wir unsere tollen erzgebirgischen Spezialitäten verkaufen», resümiert Marco Richter.

16. Mitarbeiter, die Mitreisenden zur Erfolgsinsel

Wie es um die Mitarbeiterbegeisterung vielfach bestellt ist

Wenn Ihr Schiff in Aufbruch Richtung Erfolgsinsel ablegt, dann braucht es nicht nur einen Kapitän, sondern auch Offiziere, einen Steuermann, einen Maschinisten und viele Matrosen. Nur mit einer motivierten Mannschaft lassen sich Kunden begeistern, denn Kundenbegeisterung beginnt mit Mitarbeiterbegeisterung. Es sind die Mitarbeiter, die im täglichen Kontakt zu den Kunden stehen und entweder deren Bedürfnisse erkennen und erfüllen oder nicht, die sich entweder für die Kunden engagieren oder nicht, die freundlich und aufmerksam sind oder nicht, und die den Kunden mit einem guten Service überraschen oder nicht.

So weit, so gut. Im Grunde stimmen dem alle Unternehmenschefs theoretisch zu. Es finden sich immer wieder Sätze wie «Unsere Mitarbeiter sind unser wichtigstes Kapital» in Visionen und Leitbildern, doch geglaubt wird ihnen von Seiten vieler Mitarbeiter in den Unternehmen schon lange nicht mehr, denn die Wirklichkeit sieht anders aus. Die jährlichen Umfragen des Beratungsunternehmens *Gallup* zeigen mit erschreckender Deutlichkeit, wie es tatsächlich um die Unternehmen bestellt ist: Beinahe 90 Prozent aller Mitarbeiter in Deutschland haben keine echte Verpflichtung ihrer Arbeit gegenüber und zeigen keine oder nur eine sehr geringe emotionale Bindung; demgegenüber haben nur etwas mehr als zehn Prozent eine positive Einstellung zu ihrer Arbeit. Die Tendenz zu einer sinkenden Bindung an die Arbeit und zu abnehmender Zufriedenheit am Arbeitsplatz steigt seit 2001 von Jahr zu Jahr; eine Richtungsänderung ist bisher nicht erkennbar. Den jährlichen volkswirtschaftlichen Schaden, der durch die fehlende Mitarbeitermotivation entsteht, schätzt *Gallup* auf einen dreistelligen Milliardenbetrag.

«Zu viele Menschen finden sich mit der Eintönigkeit des Daseins ab und geben sich entmutigenden Gedanken hin, statt nach einem erfüllten Leben zu streben.» *(Norman Vincent Peale)*

Wer «Dienst nach Vorschrift» macht, ist, wie *Gallup* ermittelt hat, nur mäßig produktiv; wer jedoch gar keine Bindung mehr besitzt, hat schon längst innerlich gekündigt und ist bereit, jeden x-beliebigen Job in einem anderen Unternehmen anzunehmen, sofern er nur verspricht, etwas besser zu sein. Mitarbeiter ohne Bindung an ihre Arbeit leben permanent in der Stadt Veränderung und schwanken, ob sie sich auf dem Wandelweg Richtung Abbruch oder Richtung Zerbruch bewegen sollen. Sie zeigen zudem Verhaltensweisen, die aktiv gegen die Interessen des Unternehmens verstoßen, und wirken damit «ansteckend» auf ihre Kollegen – und natürlich ebenso auf die Kunden.

Was vermissen die Mitarbeiter mit geringer oder ohne Bindung an ihre Arbeit? Es ist von Jahr zu Jahr das Gleiche, wie die Umfragen immer wieder zutage fördern: Motivationskiller Nummer 1 ist der Führungsstil des direkten Vorgesetzten. Von den Mitarbeitern kritisiert wird in erster Linie der Mangel an Lob und Anerkennung. Außerdem beklagen 70 Prozent, dass sie eine Position ausfüllen müssen, die nicht zu ihnen passt. Die Mitarbeiter werden in Jobs gesteckt, in denen sie nicht glücklich werden können. Die *Gallup*-Umfragen weisen auf der anderen Seite empirisch ebenfalls nach, dass Unternehmen mit hoher emotionaler Mitarbeiter- und Kundenbindung dreimal bessere Leistungen erbringen als solche mit geringer Bindung.

«Lob und Anerkennung, das ist einfach mal ein ‹Danke›oder ein ‹Gut gemacht›. Das erfordert keinerlei Budget und auch keinerlei großen Zeitaufwand.» *(Marco Nink, Gallup-Verantwortlicher)*

Zu der negativen Einstellung am Arbeitsplatz trägt vielfach auch die Tendenz bei, ältere und erfahrenere Kräfte gegen junge und unerfahrene, dafür aber billigere Kräfte auszutauschen. Begründet wird dies häufig mit dem Kostendruck; doch andererseits wird, wie wir an einigen Beispielen gesehen haben, sehr viel Geld in Neukundenakquisition und Werbung gesteckt, die auf die Käufer nicht überzeugend wirkt und wenig Wirkung zeigt – weil eben die Unternehmen im Kundenkontakt nicht leben, was die Werbung vorgaukelt. Die Kunden spüren, dass im Grunde an ihnen – ebenso wie an den Mitarbeitern – gespart wird: an Aufmerksamkeit, an Zuwendung und an der Erfüllung ihrer Wünsche und Bedürfnisse.

Unternehmen, die sich schlecht entwickeln, die Arbeitsplätze abbauen oder mit hoher Personalfluktuation arbeiten und die ihren Angestellten keine Zukunftsperspektive bieten, haben große Lecks in der Motivation, die sich auf die fehlende Kundentreue auswirken und früher oder später das Schiff zum Kentern bringen werden. Dass diese Zusammenhänge vielfach nicht erkannt werden, wenn Unternehmen zwar «Kundenzufriedenheit» ganz oben auf ihre Prioritätenliste setzen, «Mitarbeiterzufriedenheit» aber recht weit nach unten rücken, ist schon recht erstaunlich.

Begeisterung ist ein Kreislauf, der zwischen Vorgesetzten, Mitarbeitern und Kunden in Gang gesetzt wird. Motivierte Vorgesetzte, die ihre Mitarbeiter gut führen, bewirken Begeisterung, und motivierte Mitarbeiter begeistern wiederum die Kunden. Wird der Kreislauf an einer Stelle unterbrochen, so kann nie und nimmer eine Kundenbegeisterung entfacht werden.

Genug des Jammertals! Nachdem wir uns dort umgeschaut haben, begeben wir uns schnurstracks wieder Richtung Aufbruch, um klar Schiff zu machen und Richtung Erfolgsinsel aufzubrechen. Was können wir also tun, um unsere Mannschaft an Bord zu begeistern?

Mitarbeiter nach ihren Stärken auswählen und einsetzen

Im Grunde ist es ganz simpel: Die Auswahl der richtigen Mitarbeiter beginnt bereits bei der Einstellung. Obwohl auf der einen Seite ein Überhang an Arbeitskräften existiert, der es Unternehmen «scheinbar» leicht macht, die richtigen Mitarbeiter zu finden, gibt es auf der anderen Seite aber leider auch einen Mangel an wirklich hochkarätigen und motivierten Kräften. Gerade diese sind schwer zu bekommen, weil sich viele Unternehmen um sie reißen und sie sich unter den vielen Arbeitsplatzangeboten die Rosinen aus dem Kuchen pikken können. Das ist der oft zitierte «War for Talents», der heute in vollem Gang ist und meiner Einschätzung nach auch noch mindestens für die nächsten zehn Jahre bestimmend sein wird. Gut positionierte Unternehmen klagen heute mehr und mehr darüber, dass sie sich nicht so schnell weiterentwickeln können, wie sie möchten, weil der Arbeitsmarkt nicht genügend erstklassige Kräfte zur Verfügung stellt.

Um erstklassige Arbeitskräfte zu gewinnen, muss Ihr Unternehmen ein *buntes Ei* in der Wahrnehmung potenzieller neuer Mitarbeiter werden. Es muss sich bereits in der Präsentation deutlich von den übrigen Unternehmen unterscheiden.

Eine Möglichkeit dazu besteht in der originellen Gestaltung von *Stellenanzeigen,* die Mitarbeiter wirklich ansprechen, anstatt immer nur dieselben gähnend langweiligen und in den Augen der Bewerber *austauschbaren* Formulierungen zu verwenden, die nichts aussagen.

Das Gelbe vom Ei

- Ein Unternehmen der Lebensmittelbranche suchte eine Assistentin/einen Assistenten der Geschäftsführung. Als ungewöhnlicher Eyecatcher wurde in der Stellenanzeige darum ein grünes Fußballfeld abgebildet, auf dem zu lesen war: «Spielfeldwechsel! Team-Player gesucht!» Statt der üblichen Auflistung der verlangten fachlichen Qualifikation legte der Text der Anzeige den Schwerpunkt auf das, was wichtiger war: begeisternde Unterstützung der operativen Arbeit und ein Arbeitsstil, der von hohem Engagement und großer Flexibilität geprägt ist. «Sie organisieren mit Herzblut und kommunizieren leidenschaftlich gern, können jedoch schweigen wie ein Grab», so heißt es weiter.

- Mit einer Stellenanzeige sucht das Maschinenbauunternehmen Dreckshage einen Verkaufsingenieur oder -techniker (m/w). Auch hier werden Begeisterung und Leidenschaft statt Fachkenntnisse an die erste Stelle gerückt. Außerdem verspricht das Unternehmen den Bewerbern etwas, das sie sonst kaum finden: «Wir schubsen Sie nicht ins kalte Wasser, sondern machen Sie mit Produktschulungen und Verkaufstrainings fit für Ihre neue Aufgabe.»
- Eine Bäckerei mit Namen Engel verspricht in einer Stellenanzeige, auf der Flügel abgebildet sind, für eine(n) Bäckereifachverkäufer(in) eine «Ausbildung zum Engel».

Das sind Stellenanzeigen, die angenehm auffallend anders als andere sind und den Fokus auf das legen, was viel wichtiger ist als fachliche Kenntnisse: Motivation, Begeisterung, Einsatz, Leidenschaft. Fehlt es daran, so nützen auch die besten Fachkenntnisse nichts. Schlimmstenfalls setzt man sich mit einem unpassenden Mitarbeiter ein Kukkucksei ins Nest, das nicht zum Team und zum Unternehmen passt.

> «Wir haben zu viele ähnliche Firmen, die ähnliche Mitarbeiter beschäftigen, mit einer ähnlichen Ausbildung, die ähnliche Arbeiten durchführen. Sie haben ähnliche Ideen und produzieren ähnliche Dinge zu ähnlichen Preisen in ähnlicher Qualität. Wenn Sie dazugehören, werden Sie es in Zukunft schwer haben.»
>
> *(Karl Pilsl)*

Wichtig ist anschließend, dass Bewerber auch tatsächlich das im Unternehmen vorfinden, was ihnen die Anzeige verspricht – ansonsten wird sie sehr schnell als hohles Werbegeklimper durchschaut.

Ach, du dickes Ei!

Ein Kandidat versandte auf eine völlig unkonventionelle Stellenanzeige eine ebenso verrückte Bewerbung. Er erhielt auch prompt eine Einladung zu einem Vorstellungsgespräch. Dort eröffnete man ihm allerdings, dass man ihn nur deshalb eingeladen habe, um einmal zu sehen, wer solche unpassenden Bewerbungsmappen verschicke. Denn selbstverständlich hatte man von ihm erwartet, dass er eine «klassische», durchschnittliche Bewerbung einreichte.

Ist dann der richtige Mitarbeiter gefunden, so wird häufig die Probezeit nicht optimal genutzt. Oft sitzen die Neuen nur herum und dürfen bei den Kollegen lediglich «zuschauen», wie es geht, aber nichts selbst machen, weil man Angst hat, dass sie Fehler begehen könnten, weil keine Zeit ist oder weil die Einarbeitung einfach einfallslos ist. Viel besser ist es jedoch, den neuen Mitarbeiter für zwei bis drei Tage aktiv Probearbeiten verrichten zu lassen, und zwar solche, die für seinen künftigen Arbeitsplatz typisch sind. Auch hier lässt sich mit einer guten Inszenierung von echten oder auch fingierten Arbeitsaufgaben und -situationen testen, inwieweit der Kandidat sich für die ausgeschriebene Stelle eignet und engagiert. Bei der Fleischerei Richter zum Beispiel lernen die Auszubildenden schon innerhalb der ersten vier Wochen zu verkaufen, anstatt wie in anderen Betrieben nur hinter den Kulissen zu arbeiten und die Geschäftsräume zu reinigen.

Mitarbeiter sind genauso wenig wie Unternehmen austauschbar. Um zu prüfen, ob neue Mitarbeiter als bunte Eier zum Betrieb passen, sollte der Kandidat in der Probezeit aktiv gefordert werden.

> «Es gibt fähige Leute, die nie aufgeweckt worden sind und darum die in ihnen schlummernden Möglichkeiten nicht verwirklichen können.» *(Norman Vincent Peale)*

Weiter geht es nach der Einstellung mit der Einarbeitungsphase: Um die Begeisterung im neuen Mitarbeiter zu wecken, muss ihm der GEIST des Unternehmens vermittelt werden. Eine Servicekette wird häufig von neuen Mitarbeitern unterbrochen, die mit dem Betrieb und seinen Strukturen nicht mitgewachsen sind. Während die älteren Mitarbeiter es kapiert haben, versucht der Neue es mit Kopieren, weil ihm zwar Prozesse und Organisationsstrukturen, aber häufig nicht die Unternehmenskultur nahe gebracht werden. Auf diese Art wächst ein faules Ei heran, das bald zu stinken beginnt und die anderen ansteckt. Das Ganze funktioniert wie beim Domino-Day nach dem Dominosteineffekt: Bleibt nur ein einziger Dominostein in der Kette stehen, so können die nachfolgenden nicht mehr umfallen und die ganze Prozesskette ist unterbrochen. Die Servicekette zum Kunden funktioniert nicht mehr einwandfrei, sobald nur *ein* Mitarbeiter nicht mitzieht, denn jede Kette ist nur so stark wie ihr schwächstes Glied. Es kommt auf jeden Einzelnen an. Sobald nur einer seine Aufgabe nicht erfüllt, verrutscht das ganze Bild. Ein großes Problem sind in diesem Zusammenhang Aushilfs- und Zeitarbeitskräfte: Auch hier ist eine Kontinuität in der Kundenbegeisterung nicht gegeben, wenn sie nicht eingearbeitet und geschult worden sind.

In Anbetracht der in den nächsten zehn Jahren anhaltenden Knappheit an guten Arbeitskräften sollten sich Unternehmen auch überlegen, inwieweit sie die älteren oder schon ausgeschiedenen Mitarbeiter einbinden oder wieder beschäftigen können. Ältere Mitarbeiter können beispielsweise als Mentoren die neu Eingestellten in der Einarbeitungszeit unterstützen. Viele der ausgeschiedenen Mitarbeiter würden sich gerne wenigstens zeitweise noch im Unternehmen engagieren. Hier sollte darüber nachgedacht werden, wie sie sich entsprechend ihren Stärken für einzelne Aufgaben einsetzen lassen.

17. Diamanten schleifen

Training der Mitarbeiter

Mitarbeiter sind wie Diamanten, die geschliffen werden müssen. Deshalb führt kein Weg an Trainingsmaßnahmen vorbei. Allerdings müssen sie auf die richtige Weise konzipiert und durchgeführt werden, damit sie Erfolg haben. Leider werden hier noch viele Chancen verschenkt:

- Training nach dem Gießkannenprinzip: Ohne Konzept oder Personalentwicklung erhalten alle Mitarbeiter dieselben Schulungen.
- Training als Incentive: Schulungen werden als Belohnung für Wohlverhalten oder gute Umsätze ausgelobt – quasi als Kurzurlaub –, anstatt sich nach dem jeweiligen Fortbildungsbedarf des Mitarbeiters zu richten.
- Training als reine Wissensvermittlung: Schulungen, die nur auf die Fachkompetenz abzielen, sind einseitig und vernachlässigen die Handlungs- und Sozialkompetenz. Wir sind heute alle Wissensriesen und Umsetzungszwerge. Im Grunde «wissen» wir sehr häufig, was zu tun ist, aber es hapert an der Umsetzung im Alltag, am aktiven Tun. Daher sollten Schulungen den Schwerpunkt vor allem auf den Praxisbezug, das gezielte Training kundenorientierter Verhaltensweisen, legen.
- Trainings, die zu lange dauern: Schulungen, die einen ganzen Tag oder länger dauern, sind ineffektiv, weil die Mitarbeiter so viel Stoff gar nicht auf einmal aufnehmen und erst recht nicht sogleich umsetzen können; es ist, als ob man eine Blumenvase mit einem Feuerwehrschlauch füllen wollte. Es besteht die Gefahr, dass der Lernstoff überwiegend vorübergleitet, gar nicht angewandt und dann wieder vergessen wird. Auch Seminarunterlagen bringen wenig, weil 90 Prozent der Teilnehmer kein zweites Mal hereinschauen.

«Eine Unze Erfahrung ist so viel wert wie eine Tonne Theorie.»
(Benjamin Franklin)

Wir alle neigen dazu, immer wieder in den Sümpfen der Trägheit festzustecken. Jeder ist heute im Betrieb schon bis an den Rand seiner Möglichkeiten gefordert, und es gibt keinerlei Personalreserven mehr. Daher besteht die Neigung, Erlerntes, das zu theoretisch, zu informationslastig oder in zu langen Trainingsphasen vermittelt wurde, gar nicht anzuwenden, weil die Zeit dafür nicht vorhanden ist. Optimal sind drei- bis vierstündige Trainings, die direkt am Arbeitsplatz durchgeführt werden und auch ein sofortiges Feedback des Erlernten vermitteln. So kommen die Mitarbeiter ins TUN – im Sinne von: **T**rägheit **U**nentwegt **N**egieren.

Häufig klaffen bei den Mitarbeitern *Selbst- und Fremdwahrnehmung* auseinander: Das Schmusekätzchen sieht in den Spiegel und erblickt einen brüllenden Löwen. Man hat sich z.B. nie selbst am Telefon gehört und hält sich für freundlich und zuvorkommend, während die Kollegen den Ton als arrogant empfinden. Praxisnahe Trainings können Mitarbeitern helfen, das Bild, das sie von sich selbst haben, zu kalibrieren. Das hilft auch dabei, im Gespräch mit Kunden besser anzukommen.

Außerdem unterstützen praxisnahe Trainings dabei, typische, auch schwierige Alltagssituationen im Umgang mit Kunden so lange durchzuspielen, bis sie perfekt beherrscht werden: Welche Worte wählt man als Mitarbeiter, um Kunden für eine Informationsveranstaltung zu gewinnen? Wie inszeniert man ein kleines Überraschungsgeschenk so, dass der Kunde begeistert ist? Wie verhält man sich als Mitarbeiter, wenn ein Kunde als Querulant, Dauernörgler oder Rabattjäger auftritt? Wie wird eine Reklamation bearbeitet und mit welchen Worten wird der Kunde wieder in eine positive Stimmung versetzt? Wie löst man typische Dilemmasituationen, wenn z.B. drei Leute im Geschäft gleichzeitig bedient werden wollen, während außerdem noch das Telefon klingelt? Durch Trainings, die sich gezielt mit derartigen Fragestellungen befassen, werden Mitarbeiter zu *Weltmeistern in Kleinigkeiten.* All dies hat nichts mit dem fachlichen Wissen oder Können am Arbeitsplatz zu tun, das meist auch schon in der Ausbildung vermittelt wurde.

> «Wünschen Sie sich nicht weniger Schwierigkeiten, sondern mehr Fähigkeiten und Möglichkeiten.» *(Tante Emmas Spruch)*

In dem Maße, in dem Mitarbeiter mehr Sicherheit gewinnen in ihrem Tun am Arbeitsplatz und sich dort weiterentwickeln können, wächst auch ihr Selbstwertgefühl. Gelingt es dann noch, Kunden mit kleinen Gesten sichtbar eine Freude zu bereiten, so wird eine positive Motivationsspirale in Gang gesetzt: Die Mitarbeiter möchten *noch mehr* Freude bereiten und *noch mehr* begeistern, weil sie den Erfolg sehen und selbst begeistert sind. Sie beginnen, Eigeninitiative zu entwickeln und sich selbst Aktionen auszudenken und zu planen. Auf diese Weise entsteht ein GEIST im Unternehmen, der Kundenbegeisterung zu einem «natürlichen Ereignis» werden lässt.

> «Der Geist ist kein zu füllendes Behältnis, sondern ein anzuzündendes Feuer.» *(Plutarch)*

Das Gelbe vom Ei

Bei Google beschäftigen sich die Mitarbeiter 70 Prozent ihrer Arbeitszeit mit laufenden Projekten, 20 Prozent der Zeit lernen sie und 10 Prozent ihrer bezahlten Arbeitszeit haben sie Gelegenheit, neue Ideen zu entwickeln. Das heißt, sie dürfen sich ungeniert Schrullen, Steckenpferden und Spielereien widmen. Eine solche «Schrulle» war die Beschäftigung eines Mitarbeiters mit Satellitenbildern, die zur Entwicklung von *Google Earth* geführt hat, mit dessen Hilfe sich praktisch jeder Ort der Welt am heimischen PC in Fotoqualität anschauen lässt. Dieses nebenbei entwickelte Produkt haben inzwischen Millionen Menschen auf ihren Computern installiert, und einige Firmen nutzen es sogar, um gezielt potenzielle Kunden ausfindig zu machen. Die Anwendungsmöglichkeiten von *Google Earth* sind noch lange nicht ausgeschöpft, und man darf gespannt sein, wie sich das Produkt weiterentwickeln wird.

Den Feinheitsgrad der Begegnungsqualität erhöhen

Wenn man Kunden begeistern will, muss der Feinheitsgrad der Kommunikation mit ihnen erhöht werden. Zweierlei ist wichtig: alle Momente der Wahrheit im Kundenkontakt in den Trainings zu inszenieren und praktisch immer wieder durchzuspielen sowie an der Sprache zu feilen. Manches lässt sich zeitsparend außerhalb der Arbeitszeit auch in Form von E-Learning-Sequenzen üben.

Bei den entscheidenden «Momenten der Wahrheit» haben Mitarbeiter die Gelegenheit, sich von ihrer besten Seite zu geben, denn es handelt sich um Situationen, in denen sie den Kunden zeigen, was sie ihnen wert sind. Es gibt sechs entscheidende Kundenkontaktpunkte:

- *Der erste Eindruck* kann durch Briefe, Anzeigen, Mundpropaganda, einen Anruf, einen Internetauftritt oder ein persönliches Gespräch entstehen. Oft entscheidet gerade der erste Eindruck, ob ein Kunde einen Auftrag vergibt oder nicht, deshalb darf hier nichts dem Zufall überlassen werden. Alles ist Dialog – von den leeren Bierflaschen auf dem Firmenparkplatz, über unverständliche Fachbegriffe in der Korrespondenz, die Stimme am Telefon, die Öffnungszeiten, bis zum einladenden Schaufenster – alles wird vom Kunden interpretiert im Hinblick darauf, wie erfolgreich die weitere Zusammenarbeit wohl sein wird, und zwar selbst dann, wenn der Kunde noch mit keinem Mitarbeiter ein Wort gesprochen hat.

- *Die Begrüßung:* Beim ersten persönlichen Kontakt geht es darum, in Sekundenschnelle einen Kontakt mit einem völlig fremden Menschen herzustellen. Die typische Frage in Geschäften «Kann ich Ihnen helfen?» heißt übersetzt: «Sind Sie hilfebedürftig?»; entsprechend lautet die typische Antwort: «Nein, danke, ich schaue mich nur mal um.» Auch bei der Begrüßungsformel sollte man den Mut zur Andersartigkeit haben.

- *Die Beratung:* Ist der gute Kontakt zum Kunden hergestellt, muss eine exakte Bedarfsermittlung erfolgen. Gezielte Fragen sind Voraussetzung für eine kundenspezifische Beratung. Es gilt, Fragetechniken zu trainieren, um die Kundenmotive zu erforschen. Eine gute Beratung begeistert und weckt Neugier. Die Produktvorführung bzw. das Dienstleistungsangebot sollte mit Hingabe zelebriert werden. Je besser die Beratung, desto leichter ist dem Beratungsdiebstahl vorzubeugen.

- *Der Verkauf:* Es braucht Einfühlungsvermögen, um herauszufinden, was der Kunde will und braucht, wann er zufrieden und wann er begeistert ist. Aktives Zuhören und besondere Beobachtung beeindrucken Kunden. Hartnäckig hält sich noch immer das Vorurteil, dass ein guter Verkäufer viel redet, doch das Gegenteil ist der Fall. Nur wer gut zuhört, versteht seine Kunden und erfährt durch seine Fragen, was er wissen muss, um dem Kunden das zu bieten, was er sich wünscht.

- *Die Verabschiedung:* Nach dem Kauf besteht Gelegenheit, einen guten letzten Eindruck zu machen und noch ein «Sahnehäubchen» zu bieten, das ein gutes Gefühl hinterlässt, z.B. indem der Kunde im Geschäft mit seinem Namen angesprochen wird. Damit geschieht genau das, worum sich alles bei der Kundenbegeisterung dreht: Es wird ein Stück Beziehung geschaffen.

- *Kundenpflege:* Nach dem Kauf gibt es noch zahlreiche weitere Berührungsmomente, z.B. persönliche Anrufe mit einer gezielten Nachfrage oder Einladungen zu besonderen Veranstaltungen.

All das sind Erlebnisfelder zwischen Menschen im Unternehmen und Kunden, die in vielen Fällen Routine geworden sind und oft vernachlässigt werden, weil sie weder geübt noch richtig inszeniert werden. Und genau hier lässt sich mit Training wirkungsvoll ansetzen, lassen sich «Wirkzeuge» für den Alltag im Betrieb entwickeln und üben.

Im Umgang mit den Kunden ist es wichtig, ein positives Gesprächsklima zu schaffen. Es beginnt bereits mit der Wortwahl. Häufig besteht die Neigung, Formulierungen zu verwenden, die negativ klingen oder aufgefasst werden können, selbst wenn sie gar nicht so gemeint sind. Redewendungen wie «kein Problem», oder «das ist gar nicht schlecht» kommen beim Kunden weniger gut an und sollten durch positive Wendungen wie «gerne» oder «das ist wirklich gut» ersetzt werden. Kraftlose Worthülsen wie «eigentlich», «vielleicht», «im Prinzip» lassen sich ersatzlos streichen. Vorsicht ist geboten bei Worten, die Widerstand beim Gegenüber erzeugen, wie z.B. alle Formulierungen, die «ja, aber» verwenden. Nachfolgend eine kleine Übersicht mit Vorschlägen für positive Wendungen, die im Training, beispielsweise in Rollenspielen, ebenfalls geübt werden sollten, bis sie als selbstverständlich in die tägliche Sprache einfließen:

Häufig verwendete Formulierungen, die negativ klingen	Formulierungen, die positiv ankommen
Tut mir leid, da sind Sie hier falsch	Besser als ich kann Ihnen ... helfen
Ich muss mal die Kollegin fragen	Ich frage gerne meine Kollegin für Sie
Ehrlich gesagt ...	Formulierung ersatzlos streichen
Kein Problem	Mache ich gerne für Sie
Da bin ich überfragt	Eine gute Frage, die ich jetzt sofort Herrn ... stelle, der dafür zuständig ist

Das kann nicht sein	Das ist ein ungewöhnlicher Fehler, den wir noch nicht festgestellt haben. Bitte erzählen Sie uns die Fehlersituation genauer
Da haben Sie mich falsch verstanden	Da habe ich mich nicht deutlich ausgedrückt – Entschuldigung
Das ist nicht meine Schuld	Das ist wirklich ärgerlich, ich kann Sie gut verstehen
Dafür bin ich nicht zuständig	Dafür ist Frau ... zuständig. Ich begleite Sie gern, um ...

Neben der verbalen Kommunikation spielt die nonverbale eine große Rolle. Während nur 7 Prozent der Bedeutung mit Worten übermittelt werden, werden 38 Prozent über Tonfall und Stimme und 55 Prozent nonverbal vermittelt. Mimik und Gestik werden visuell aufgenommen, unbewusst selektiert und gespeichert. Viele Signale der Körpersprache erfolgen intuitiv, andere können gezielt eingesetzt und trainiert werden, z.B. der Blickkontakt im Gespräch, das Anlächeln des Gegenübers und gezielte Gesten mit den Händen, um das Gesprochene zu unterstreichen. Die Beobachtung der Körpersprache des Kunden hilft ebenfalls, ihn und seine Wünsche besser einschätzen zu können!

Die Momente der Wahrheit, die verbale und die nonverbale Kommunikation sind drei herausgegriffene Beispiele für Themen, die in paxisnahen Trainings behandelt werden können und sollten. Die sichere Beherrschung trägt bereits maßgeblich dazu bei, den «Draht» zu den Kunden zu verbessern – ein wichtiger Schritt in Richtung zu mehr Kundenbegeisterung.

«Sag es mir, und ich vergesse es. Zeige es mir, und ich erinnere mich. Lass es mich tun, und ich behalte es!» *(Konfuzius)*

Ach, du dickes Ei!

Der bekannte deutsche Experte für Direktmarketing, Siegfried Vögele, machte gerne ein Experiment: Er verwendete ein von ihm kreiertes Wort, das es in der deutschen Sprache nicht gibt: «epibrieren». Betrat er ein Hotel oder ein Restaurant, so fragte er mit intensiver Mimik und Gestik: «Wo kann ich denn hier mal ganz schnell epibrieren?» Meist wies man ihm, ohne nachzufragen, den Weg – zur Toilette.

Bei den Mitarbeitern sollte ein Bewusstsein dafür geweckt werden, dass Trainings keine einmalige Sache sind wie eine Berufsausbildung, die irgendwann abgeschlossen ist. Es ist ähnlich wie im Sport: Kein Sportler würde jemals aufhören zu trainieren, nachdem er die erste Medaille gewonnen hat. Im Gegenteil: Die Teilnahme an künftigen Wettbewerben setzt weiteres Training und kontinuierliche Verbesserung der Leistungen voraus. Wer nicht übt, fällt in seinen Leistungen zurück.

Seminare, die im Unternehmen nur einmal durchgeführt werden, bleiben wirkungslos, weil sie nicht ausreichen, um die Einstellung und das Verhalten der Mitarbeiter im Alltag zu verändern. Werden gewisse Dinge nach mehrfachem Training bereits gut beherrscht, so ergeben sich neue Aufgaben und Chancen zur Weiterentwicklung, die wahrgenommen werden können, und damit auch neue Übungsfelder. Kundenbegeisterung ist eine Daueraufgabe, keine einmalige Angelegenheit.

$$\text{Erfolg} = (\text{Dauer} \times \text{Häufigkeit})^{\text{Begeisterung}}$$

«Steter Tropfen höhlt den Stein, stete Wiederholung
höhlt das Hirn.»   *(Tante Emmas Spruch)*

18. Eine begeisternde Unternehmenskultur schaffen

Mitarbeiter nach ihren Stärken einsetzen

Der Nährboden für Mitarbeiterbegeisterung ist eine Unternehmenskultur, die die Mitarbeiter fördert und fordert. Machen Sie Arbeitsplätze zu Wirkungsplätzen: An einem Wirkungsplatz steht den Mitarbeitern ein Handlungsspielraum zur Verfügung. Innerhalb von Grenzen, die mit ihnen abgestimmt sind, handeln sie eigenverantwortlich und tragen auch für Fehlverhalten die Konsequenzen. Nur wer mit Handlungskompetenz ausgestattet ist, kann schnell und unkompliziert auf die Kunden zugehen. Wenn jede kleine Entscheidung erst nach Rücksprache mit dem Vorgesetzten getroffen werden kann, lähmt dies nicht nur die Abläufe, sondern macht auch die Kunden unzufrieden. Besonders in den Bereichen Service und Reklamation kann eine umfassende Handlungskompetenz viel zur emotionalen Kundentreue beitragen. Kompetente, eigenverantwortlich handelnde Mitarbeiter werden zum überzeugenden Botschafter des Unternehmens, und sie stärken das Team-Gefühl.

Moderne Arbeitsbeziehungen sind heute immer weniger reine Geschäftsbeziehungen; in wachsendem Maße spielen persönliche Beziehungen eine Rolle. Der vielfach beschworene Begriff «Team» deutet bereits darauf hin. Die meisten Menschen verbringen den größten Teil ihres Lebens an ihrem Arbeitsplatz, möchten sich dort entfalten und einen Sinn in ihrem Tun erkennen; dies umso mehr, als unsere Gesellschaft aus immer mehr Singles ohne Familie besteht. Viele Mitarbeiter investieren ein hohes Maß an Energie, um wenigstens in der Nähe ihrer eigenen Ideale und Ziele anzukommen. Eine begeisternde Unternehmenskultur bietet dem Einzelnen die Chance, sich wie in einer Familie dazugehörig zu fühlen und zugleich an sinnvollen Ziele teilzuhaben. Der Arbeitsplatz, bei dem es nur vordergründig ums Geldverdienen geht, wird zum «Wirkungsplatz», wenn der Einzelne sich einbringen und sein Potenzial entfalten kann.

Daher sollte das *Stärkenprofil* der Mitarbeiter bei ihrem Einsatz unbedingt berücksichtigt werden. So unterschiedlich wie die Kunden und ihre Bedürfnisse sind auch die Mitarbeiter. Meist haben schon persönliche Eigenschaften und Vorlieben einen Einfluss auf die Berufswahl ausgeübt. Aber auch innerhalb des Berufes gibt es Aufgaben, für die sich der eine Mitarbeiter besser, der anderer weniger gut eignet. Der Qualität des Unternehmens kommt der richtige Mitarbeiter am richtigen Platz jeden Tag zugute, denn motivierte und erstklassige Arbeit leistet man nur dort, wo man seine individuellen Stärken ausspielen kann. Besonders die Kunden spüren es, wenn Menschen mit Spaß bei der Sache sind, wenn sie das, was sie tun, gerne und deshalb auch besonders gut machen.

Wichtig ist weiterhin, Mitarbeitern nicht das Gefühl zu geben, sie müssten Trainings nur deshalb absolvieren, um vorhandene «Schwächen» abzubauen. Wir haben bereits bei der Entwicklung der Unternehmensstrategie gesehen: Wer an seinen Schwächen herumdoktert, bleibt nur mittelmäßig, wird aber keine außergewöhnlichen Leistungen erbringen. Natürlich müssen bestimmte Aufgaben im Unternehmen erfüllt und erledigt werden. Dennoch hat es keinen Sinn, Mitarbeiter zu bestimmten Tätigkeiten zu «verdonnern» oder sie darauf zu «dressieren», wenn sie ihnen partout nicht liegen. Es wird sie höchstens frustrieren und ihre Leistungsbereitschaft und -fähigkeit mindern. Wenn man z.B. einen eher zurückhaltenden Mitarbeiter auffordert, von sich aus auf Kunden zuzugehen, befindet er sich in einer Krise. Entweder man setzt für die Aufgabe jemand anderen ein, der besser geeignet ist, oder man zeigt ihm mit Hilfe von Trainings, wie er das Problem unter Einsatz seiner besonderen Stärken lösen kann.

Zu guten Erfahrungen hat es in vielen Betrieben geführt, die Funktionen nach den individuellen Stärken zu besetzen und für die unterschiedlichen Verantwortungsbereiche jeweils «Paten» zu ernennen. So wird zum Beispiel im Einzelhandel der eine Mitarbeiter Spezialist für den Verkauf, der zweite für das Lager, der dritte für die Werbung usw., anstatt dass jeder mehr oder minder für «alles» zuständig ist und damit mehrere Funktionen ausüben muss, die nicht seinem Stärkenprofil entsprechen. Wenn jeder zu viele Bereiche zugleich betreuen muss, bleibt die Arbeit, strategisch gesehen, oberflächlich. Ist jeder Mitarbeiter Pate für einen bestimmten Bereich, so greifen alle Funktionen nicht nur wie Rädchen ineinander, sondern die Arbeit gewinnt auch an Tiefe und Qualität.

Nur wer als Mitarbeiter Gelegenheit hat, sein Stärkenprofil auszubauen und weiter zu schärfen, wird zum bunten Ei. Wer hingegen Trainings absolvieren muss, die lediglich auf den Abbau von Schwächen abzielen, wird immer ein Durchschnittsei bleiben und dem Unternehmen niemals mit herausragenden Leistungen zur Verfügung stehen. Je mehr Mitarbeiter zu bunten Eiern werden, desto mehr wird auch das Unternehmen insgesamt zum bunten Ei.

Wer Mitarbeitern einen großen Handlungsspielraum zugesteht und sie zu Eigeninitiative ermutigt, muss damit rechnen, dass auch Fehler passieren können. In einer fehlerfreundlichen Kultur, in der niemand Angst haben muss, Fehler zu machen oder für diese bestraft zu werden, geht dies leichter und müheloser. Mitarbeiter sollten die Gelegenheit haben, ihre Fehler zu erkennen und zu korrigieren, ohne dass sie «dramatisiert» werden. Viel ergiebiger ist es, über seine Fehler lachen zu können. Humor fördert nicht nur die Kreativität der Mitarbeiter, sondern entschärft auch Konflikte und sorgt für ein angstfreies offenes Arbeitsklima. Vorteilhaft ist es, wenn das ganze Team unter Gelächter aus den Fehlern Einzelner lernt; so lassen sich am schnellsten Lernerfolge im ganzen Unternehmen erzielen.

Das Gelbe vom Ei

Gut lachen haben neuerdings die Mitarbeiter von Kodak. Das Unternehmen richtete Humorräume für den Pausenaufenthalt ein. Hier können sich die Mitarbeiter mit komischen Filmen, Cartoons, Geschichten und Witzen belustigen, um anschließend kreativer an die Arbeit zu gehen. Kodak ist nicht das einzige Unternehmen, in dem es Humorräume gibt. Auch in etlichen Krankenhäusern wurden sie schon eingeführt, denn zehn Minuten herzhaftes Gelächter schafft eine Stunde Schmerzfreiheit.

«In der modernen Welt wird der Erfolg jenen gehören, die es verstehen, um ihr Unternehmen eine Ideenwelt aufzubauen, die die Energien der Mitarbeitern anfeuert, aber auch die Achtung und Sympathie ihrer Abnehmer gewinnt.»　*(Gottlieb Duttweiler)*

Der Chef als buntes Ei

Untersuchungen haben gezeigt, dass Vorgesetzte einen großen Schritt vorankommen, wenn sie das eigene Führungsverhalten im Hinblick auf die Kundenbegeisterung optimieren. Ein Führungsstil, der die Kundenbegeisterung der Mitarbeiter optimal fördert, zeichnet sich durch eine hohe Mitarbeiterbegeisterung aus. Unter Führung verstehen wir eine zielorientierte, soziale Einflussnahme zur Erreichung gemeinsamer Ziele, die sich organisatorischer Strukturen bedient. Führung bedeutet informieren, kommunizieren, vorleben und motivieren, aber auch sanktionieren.

Begeisterte Chefs sind vergleichbar mit einem Schneeball, der den Hügel hinabrollt und auf seinem Weg zu Tal an Masse und Geschwindigkeit gewinnt. Innerhalb kürzester Zeit schwellen einige kleine Schneeklümpchen zu einer Lawine aus Energie und Begeisterung an. Vorgesetzte müssen einfach an den Erfolg glauben, auch wenn noch nicht alle Schritte umgesetzt sind. Ihre Aufgabe besteht darin, den Ball in Bewegung zu halten und dem Ziel Stück für Stück näher zu kommen.

Vorgesetzte beklagen sich oft, dass Mitarbeiter nicht tun, was sie sagen. Nein, Mitarbeiter tun nicht, was der Chef sagt, Mitarbeiter tun, was der Chef tut. Hier wirkt das Vorbild stärker als alle Worte. Dass sich Mitarbeiter häufig ganz anders verhalten als gewünscht und erwartet, liegt daran, dass auch bei Vorgesetzten die Selbst- und die Fremdwahrnehmung oft erheblich auseinanderklaffen. Beinahe erschreckende Resultate förderte eine Untersuchung der *Wirtschaftswoche* im Jahre 1999 zutage: Mitarbeiter halten ihre Chefs zu 60 Prozent für unsympathisch und zu 58 Prozent für unfähig. Demgegenüber glauben Chefs von sich selbst, dass die Mitarbeiter sie zu 95 Prozent sympathisch finden und ebenfalls zu 95 Prozent für kompetent halten. Während 85 Prozent der Mitarbeiter ihre Chefs für schwierig halten, glauben diese zu 90 Prozent, dass die Mitarbeiter leicht mit ihnen auskommen. Weiter könnten Selbst- und Fremdeinschätzung kaum auseinanderliegen!

Vorgesetzte sind Vorbild und Identifikationsfigur. Mit ihrem Anspruch auf Kundenbegeisterung werden sie nur ernst genommen und akzeptiert, wenn sie das geforderte kundenorientierte Verhalten auch selbst vorleben. Je konsequenter und langfristiger das Verhalten vorgelebt wird, desto dauerhafter wird es von den Mitarbeitern übernommen.

Charismatische Führungspersönlichkeiten schaffen es, dass Mitarbeiter ihre Ziele, Visionen oder Ideale akzeptieren und ihnen folgen. Ein wichtiger Aspekt ist dabei die Einstellung des Vorgesetzten, die die Stimmung im Betrieb maßgeblich mitprägt. Wenn der Chef mit einem griesgrämigen Gesicht durch den Betrieb läuft oder seine schlechte Laune an den Mitarbeiter weitergibt, so wird sich dies ganz schnell in der allgemeinen Stimmung niederschlagen. Eine Minute schlechte Laune bedeutet 60 Sekunden verschenkte Freude!

> «Einstellungen sind wichtiger als Tatsachen.» *(Karl Menninger)*

Auf eine einfache Formel gebracht, könnte man das optimale Führungsverhalten als die 7 K's beschreiben:

Führen von Mitarbeitern mit den 7 K's

Kommunikation
Konsequenz
Konzentration
Kontrolle
Kreativität
Klarheit
Kultur

Zur *Kommunikation* gehört es, regelmäßig den Kontakt zu den Mitarbeitern zu halten und sie spüren zu lassen, dass man als Chef gerne mit ihnen zusammenarbeitet. Dazu gehört es auch, einer guten Leistung uneingeschränkt Anerkennung und Respekt zu zollen. Gerade Lob und Anerkennung sind es ja, die laut *Gallup*-Studien von den Mitarbeitern in deutschen Betrieben am meisten vermisst werden. Das rechte Wort zur rechten Zeit macht komplizierte Anordnungen häufig überflüssig. Auch in schwierigen Situationen hilft gesunder Optimismus, der das Team aufmuntert und bei der Stange hält. Wenn der Chef den Mitarbeitern den Rücken stärkt, hat die Angst vor Versagen keine Chance.

Konsequenz im Handeln ist ebenso angesagt. Wer heute so und morgen anders verfährt, wer in ähnlichen Situationen ganz unterschiedlich reagiert oder von den Mitarbeitern unterschiedliches Verhalten verlangt, wird in ihren Augen unberechenbar. Deshalb sollte ein Vorgesetzter einem einmal eingeschlagenen Weg treu bleiben. Jedes Team schätzt Konsequenz und fühlt sich bei Inkonsequenz unsicher im Verhalten. Wer als Vorgesetzter einmal festgelegte Spielregeln nicht einhält, wird leicht unglaubwürdig. Wurde z.B. festgelegt, dass Firmenwagen grundsätzlich nicht für Privatfahrten an Mitarbeiter verliehen werden, so kann man für einen besonders qualifizierten Mitarbeiter, der viele Überstunden geleistet hat, keine Ausnahme machen. Durch eine solche Ungleichbehandlung würden sich die übrigen Mitarbeiter zurückgesetzt und demotiviert fühlen. Hier muss um der Fairness willen eine andere Lösung gefunden werden, um dem betreffenden Mitarbeiter einen Gefallen zu tun.

Konzentration wurde bereits im Zusammenhang mit der Strategie in Kapitel 14 angesprochen: Es geht darum, sich auf eine klare Zielgruppe und ein klares Leistungsangebot zu fokussieren, anstatt allen alles oder vielen vieles bieten zu wollen. Die Konzentration schärft nach außen in der Wahrnehmung der Kunden das Unternehmensprofil.

Kontrolle hat mehrere Aspekte. Das Wort ruft heute vielfach negative Assoziationen hervor, obwohl es nicht so gemeint ist. Kontrolle ist zum einen das Gegenteil von Gleichgültigkeit: Anstatt die

Leistungen der Mitarbeiter gar nicht zur Kenntnis zu nehmen, gilt es, sie regelmäßig zu prüfen und ihnen ein Feedback zu geben. Nur auf diese Weise ist eine Weiterentwicklung und auch die gezielte Auswahl sinnvoller Fortbildungsmaßnahmen möglich. Kontrolle heißt jedoch nicht, die Mitarbeiter ständig mit abzuliefernden Tages-, Wochen-, Monats-, Quartals- und Jahresberichten zu überfordern, wie es beispielsweise vielfach im Außendienst geschieht. Hier sollten sinnvolle Zeitintervalle für Berichte gefunden werden, die den Mitarbeitern ein vertretbares Arbeitsmaß auferlegen und ihnen genug Zeit für den Kundenkontakt lassen. Ein Übermaß an Kontrolle lähmt jeden Arbeitseifer und jede Motivation. Vorgesetzte, die in Herrschgau wohnen, können ihren Mitarbeitern nur schwer den Weg nach Lustheim zeigen. Konsequent einfach anstatt kontrolliert schwierig heißt darum die Devise.

Kreativität ist ein weiterer wichtiger Aspekt: Um ein buntes Ei zu werden, bedarf es des Mutes, auch einmal «um die Ecke» zu denken, Außergewöhnliches auszuprobieren und Ungewöhnliches zu tun, und zwar angstfrei und experimentierfreudig.

Die *Kultur* des Unternehmens als tragender Pfeiler für die Motivation der Mitarbeiter wurde bereits vorgestellt. Zur Kultur gehören auch viele Kleinigkeiten und einfache Dinge wie das Halten des Blickkontaktes zum Kunden im Gespräch, Verlässlichkeit und das Einhalten von Versprechen.

Klarheit entsteht für die Mitarbeiter dann, wenn für sie ersichtlich ist, dass die Kultur ohne Wenn und Aber konsequent gelebt und von den Vorgesetzten vorgelebt wird.

Führen von Mitarbeitern mit den 7 F's:

F

Finden – geeignete Mitarbeiter suchen und mit einem entsprechenden Auswahlverfahren auswählen

Fördern – neue Mitarbeiter einarbeiten, unterstützen und fortbilden

Fordern – den Mitarbeitern Aufgaben und Eigenverantwortung übertragen

Feedback – die Ausführung der Aufgaben kontrollieren und Rückmeldung geben, loben und kritisieren, Jahresgespräche führen

Fairness – ehrlich und konsequent mit den Mitarbeitern umgehen, niemanden bevorzugen oder benachteiligen

Feuern – in den Job hineinfeuern = begeistern; aus dem Job herausfeuern = sich von unpassenden Mitarbeitern schnell trennen, anstatt sie jahrelang im Unternehmen mitzuschleppen

Feiern – gemeinsam ab und zu auf die Feierinsel fahren und Spaß haben

«Wer von Begeisterung für seine Arbeit angefeuert ist, der wird nicht gefeuert.» *(Norman Vincent Peale)*

Mitarbeiter lassen sich genauso wie Kunden mit gut inszenierten Überraschungen begeistern. Jenseits der üblichen und oft leider langweiligen – weil gewohnheitsmäßig gleich ablaufenden – Geburtstags- und Weihnachtsfeiern erfreuen kleine ungewöhnliche Aktionen die Herzen der Mitarbeiter und fördern ihre Treue zum Unternehmen.

Das Gelbe vom Ei

Es klingelt an der Bürotür. Ein unbekannter Mann kommt und will eine Mitarbeiterin abholen. Sie weiß gar nicht, was los ist. Wurde etwa ein neuer Lieferant beauftragt? Wurde Ware bestellt, von der sie niemand informiert hat? Hat sie einen wichtigen Termin übersehen? Sie geht mit dem «großen Unbekannten» mit und kommt nach einer Stunde mit ihm freudestrahlend zurück. Noch ehe die Kollegen fragen können, was geschehen ist, hat sich der Mann den nächsten Mitarbeiter geschnappt und verschwindet wiederum für eine Stunde mit ihm. Auch dieser Kollege kommt anschließend erfrischt und mit einem strahlenden Lächeln im Gesicht zurück, und sogleich nimmt der «Unbekannte» die dritte Mitarbeiterin mit. So geht das den ganzen Vormittag. Am Ende wissen alle Bescheid: Der Chef hat, um seine Mitarbeiter zu überraschen, einen Masseur engagiert, der jeden Kollegen einzeln im Büro abgeholt, zum Massagestudio gefahren und nach der Massage wieder zum Büro zurückgebracht hat. Eine gelungene Überraschung, an die alle Mitarbeiter noch lange zurückdenken!

Begeistern kann der Chef auch mit Aktionen, die den *Familien* der Mitarbeiter helfen! Familien können sehr unterstützend wirken, aber Probleme gerade dort wirken sich ganz besonders als Energiefresser aus, die auf den Betrieb zurückwirken. Die Kinder vieler Mitarbeiter haben heute dieselben Schwierigkeiten wie die Erwachsenen: Sie finden nur schwer eine Ausbildungsstelle oder einen Arbeitsplatz – und zwar aus dem in diesem Buch bereits vielfach genannten Grund: Sie haben *ähnliche* Ausbildungen durchlaufen, haben in der Schule gelernt, *ähnliche* Bewerbungsmappen mit *ähnlichen* Aussagen und *ähnlichen* Anschreiben zu verfassen. So sind sie für viele Arbeitgeber einfach nur *Durchschnittseier,* die sich nicht von der Masse abheben und es daher schwer haben. Ein Unternehmen erkannte dieses Problem und startete eine ungewöhnliche Aktion.

Das Gelbe vom Ei

Die 15- bis 18-jährigen Kinder der Mitarbeiter wurden vom Unternehmen kostenlos zu einem ganz speziellen gehirngerechten Bewerbungstraining in ein Hotel eingeladen. Intensiv wurde einen Tag lang mit einem externen Trainer alles geübt, was für Bewerbungen und Vorstellungsgespräche erforderlich ist. Vor allem wurde mit jedem Einzelnen ein Stärkenprofil erarbeitet, so dass die individuellen Fähigkeiten, Interessen und Neigungen deutlicher hervortraten und die Bewerbungsmappen und -texte darauf abgestimmt werden konnten. In Rollenspielen wurden

Vorstellungsgespräche geübt, und es wurde ebenfalls die vielen noch unbekannte Initiativbewerbung nach EKS vorgestellt. So hatten die jungen Leute Gelegenheit, sich zum bunten Ei zu entwickeln. Viele fanden daraufhin müheloser und schneller einen Ausbildungsplatz als vorher. Und die Mitarbeiter waren überaus dankbar und erfreut über die ungewöhnliche Hilfe für ihre Kinder.

Ein schwieriges Feld sind für viele Vorgesetzte *Jahresgespräche* mit den Mitarbeitern. Häufig haben sie diese nie praktisch geübt, auch wenn sie theoretisch alles darüber wissen. Jahresgespräche erfüllen eine wichtige Funktion: Sie dienen der Kontrolle im positiven Sinne und der Auswahl der richtigen Weiterbildungsmaßnahmen; und sie können, wenn sie motivierend durchgeführt werden, Mitarbeiter beflügeln. Leider können sie aber auch viel Unzufriedenheit hervorrufen und Motivation zerstören, wenn der Chef hier falsch vorgeht. 80 Prozent der Mitarbeiter verlassen das Zimmer ihres Chefs nach einem solchen Gespräch mit hängenden Schultern. Das sollte nicht sein. Deshalb sollten sich Vorgesetzte coachen und trainieren lassen, um die Chance der Jahresgespräche gut zu nutzen.

Begeisternde Ziele setzen

Begeisterung selbst lässt sich zwar nicht planen, aber sie lässt sich durch klare Zielsetzungen unterstützen. Wir alle sind heute im Beruf stark eingespannt und haben die Neigung, Dinge «auf später» zu verschieben. Doch Begeisterung entsteht nur dann, wenn wir uns im Unternehmen mit allen Mitarbeitern

1. klare Ziele gesetzt haben, die motivieren und einen Sog – anstatt Druck und Leistungszwang – ausüben, und wenn wir uns
2. Begeisterungsaktionen und -maßnahmen überlegen und diese auch terminlich fest einplanen.

Häufig werden Ziele gesetzt, die alles andere als motivierend sind. Geht es z.B. nur darum, Umsatz oder Gewinn zu steigern, so hat dies meist keinerlei Anziehungskraft für das Handeln des Einzelnen, außer vielleicht des Unternehmers selbst. Auch Ziele wie «Wenn der Kunde zur Tür hereinkommt, soll in Zukunft kein schmutziges Geschirr herumstehen», lösen keinerlei Begeisterung aus.

Ziele müssen klar machen, wohin die Reise für alle im Unternehmen gehen soll. Sie müssen Sinn bieten, müssen beGEISTern, indem sie verdeutlichen, welchen herausragenden Nutzen man mit den Leistungen seinen Kunden bieten will, welche Kundenwünsche man erfüllen und was man bei ihnen bewirken möchte. Hilfreich ist es, vorher eine Vision für das Unternehmen zu entwickeln (vgl. dazu Kapitel 3). Daraus lassen sich dann kurz-, mittel- und langfristige Ziele mit entsprechenden Meilensteinen ableiten, die messbar und terminiert sind.

Ein Ziel kann beispielsweise lauten: «Wir wollen innerhalb eines festgelegten Zeitraums 10 begeisternde Rückmeldungen von Kunden.» Oder: «Wir wollen innerhalb dieses Jahres fünf Kundenbegeisterungsaktionen durchführen, und zwar zu bestimmten festgelegten Terminen.» Was tun wir, wenn ein Ziel nicht erreicht wird? Auch dafür sollte eine Maßnahme festgelegt werden, die ein wenig peinlich sein und ein bisschen weh tun soll, aber nicht zu sehr – gerade so viel, dass man genügend Ansporn hat, es beim nächsten Mal besser zu machen und dann das Ziel zu erreichen.

Ach, du dickes Ei!

Auf dem Messestand musste einer der (männlichen) Verkäufer den ganzen Tag lang mit einer roten Schürze herumlaufen und die Servicekraft dabei unterstützen, die Tische abzuräumen und Geschirr zu spülen. Es war derjenige Verkäufer, der von allen Kollegen die wenigsten Referenzen vorweisen konnte, die zu erreichen man sich als Ziel gesetzt hatte. Als Mann fand er die Tätigkeit so peinlich und so unangenehm, dass er sich in Zukunft vornahm, seine Ziele zu erreichen.

Letztlich geht es nicht nur darum, seine Zeit zu managen und To-Do-Listen abzuarbeiten, sondern Ziele zu verfolgen, für die alle Mitarbeiter wirklich «brennen». Die Arbeit kann nicht immer Spaß machen, aber das Ziel muss Sinn bieten und begeistern.

«Aus Zielen wird Erfolg, aus Terminen nur Vergangenheit.»

(Tante Emmas Spruch)

Ein festes Ziel ist von großem Vorteil, wenn wir auf der Reise nicht ziellos in der Gegend herumwandern wollen, ohne irgendwo anzukommen. Wenn das Ziel festgelegt ist, bedarf es einer festen Routenplanung. Der Treibstoff auf der Reise zur Kundenbegeisterung ist die Motivation. Sie treibt uns an, unsere Ziele zu erreichen. Ist die Motivation erschöpft, entfällt auch der Antrieb, das ursprüngliche Ziel zu verfolgen. Durch eine Etappenplanung mit überschaubaren Abschnitten, Terminen und Meilensteinen stellen wir sicher, dass ein Teilziel nach dem anderen erreicht wird. Das führt zu positiven Bestätigungen, weil wir stets wissen, wo wir gerade stehen und wie weit wir bisher gekommen sind. Der Weg liegt damit überschaubar vor uns und ist leichter zu erreichen als ein fernes, kaum sichtbares Endziel. Trotzdem kommen wir nur an, wenn wir den festen Willen haben, aufkommende Hindernisse zu überwinden und auch steile Bergauf-Passagen zu meistern.

Ein Unternehmen, das sich klare Ziele setzt und seine Jahresgespräche mit den Mitarbeitern vorbildlich führt, ist Pölking.

Pölking – ein buntes Ei in der Schuhbranche

Die J.H. Pölking GmbH & Co. KG ist ein Schuh-Großhandel mit eigenen Handelsmarken, der sich als Partner für den Schuh-Einzelhandel versteht. Die Schuhbranche hat wie viele andere mit den Billiganbietern zu kämpfen. Große Discounter mit zum Teil internationalen Franchise- oder Filialketten verdrängen immer mehr die kleinen, meist familiengeführten Fachhändler. Eine dramatische Schrumpfung des Einzelhandels ist in den nächsten Jahren zu erwarten. Bei Pölking weiß man, wie sehr dieser Schuh drückt.

«Wir möchten unsere Kunden und Partner erfolgreicher machen», so Angelika Pölking, Geschäftsführerin und Inhaberin des bereits 1894 gegründeten Unternehmens, das sie jetzt in vierter Generation mit ihrem Ehemann Detlev Steenken führt. «Deshalb verkaufen wir auch nicht einfach nur Schuhe, sondern bieten unseren Kunden einen Rundumservice: Vom Internetauftritt, über verschiedene Dienstleistungen wie Seminare und Trainings bis zur fertigen Ladeneinrichtung inklusive Sortiments- und Flächenplanung sowie Finanzmanagement bieten wir ein komplettes System und damit dem Einzelhändler die Chance, sich von den Durchschnittseiern der Branche abzuheben.»

Auch bei Pölking hat man erkannt, wie wichtig die Schulung der Mitarbeiter des Fachhandels ist, und führt mittlerweile in eigens errichteten Seminarräumen für die Einzelhändler selbst wie auch für ihre Mitarbeiter Trainings zu verschiedenen Themen durch. Neben rein fachlichen Schulungen zu bestimmten Produktgruppen stehen vor allem Seminare zur Kundenbegeisterung im Mittelpunkt, daneben auch solche, die sich aus speziellen Kundenwünschen ergeben haben, wie z.B. Power-Verkauf und Work-Life-Balance.

Schuhe haben eine große Bedeutung für die menschliche Emotion und die Persönlichkeit. Das Produkt Schuh ist buchstäblich emotional geladen, und darum macht es Sinn, dass Schuhe auch mit Gefühl und Begeisterung verkauft werden. Dafür bietet Pölking seinen Kunden und Partnern regelmäßig Verkaufsförderungsaktionen an, bei denen bewusst auf Rabatte und Preisnachlässe, wie sonst im Handel üblich, verzichtet wird. «Wir wollen die Hochwertigkeit des Schuhsortiments unterstreichen und uns von den Discountanbietern deutlich abgrenzen», erklärt Angelika Pölking.

Eine der durchgeführten Aktionen sind die «Frühlingsküsse», mit denen die Schuhkäufer durch Hinweis auf die neu eingetroffenen Schuhkollektionen sanft aus dem Winterschlaf geweckt wurden. In Form von zwei Paketen konnten die Einzelhändler alles Nötige für die Aktion erwerben: Schaufensterbanner, Deckenhänger, Gratis-Postkarten, Lippenpflegestifte, Banneraufkleber usw. Die Händler hatten Gelegenheit, vorher in einem Seminar zu lernen, wie sie die Aktion begeisternd inszenierten und die «Requisiten» richtig einsetzten. Die Fachverkäuferinnen der Händler, die sich dafür engagierten, trugen T-Shirts mit einem aufgedruckten Kussmund, empfingen die Kunden schon am Eingang mit den Worten «Ich möchte Sie mit einem Kuss begrüßen» und überreichten ihnen Schokoküsse. Statt der langweiligen Schuhpflegestifte, die sonst beim Schuhkauf angeboten werden, schenkten die Verkäuferinnen den Kunden nach dem Schuhkauf Lippenpflegestifte.

Es gab einige Händler, denen die Aktion keinen Erfolg brachte: Sie hatten einfach nur das Dekomaterial eingekauft, die Plakate aufgehängt und die Lippenstifte zur «Selbstbedienung» an die Kasse gestellt. Aber es fehlte der GEIST, der die Aktion erst lebendig gemacht und die Kunden mit Begeisterung angesteckt hätte.

Sehr erfolgreich hingegen waren die «Frühlingsküsse» beispielsweise im Schuhhaus Wöhrmeyer in Holzhausen. Dort berichteten nicht nur drei regionale Zeitungen über die Aktion, sondern es kamen sehr viel mehr Leute ins Geschäft als sonst, darunter auch Neukunden. «Die Lippenstifte waren geradezu genial», schwärmt Tanja Schlude, Inhaberin des Schuhhauses, «wir haben noch Ferrero-Küsschen und Schaumküsse dazu gestellt. Besonders die Erwachsenen waren angenehm überrascht, weil doch sonst immer nur die Kinder etwas geschenkt bekommen.» Für die erfolgreich durchgeführte Aktion wurde das Schuhhaus Wöhrmeyer von Pölking mit dem Bunten Ei ausgezeichnet. «Wir möchten unsere Systempartner und Kunden mit dieser Initiative dazu anspornen, sich mit herausragenden Ideen in Szene zu setzen», erklärt Angelika Pölking.

Mittlerweile hat sich herausgestellt, dass die Schuheinzelhändler einen Bedarf haben, regelmäßig fertige Pakete für Verkaufsförderungsaktionen zu beziehen. Deshalb werden diese jetzt inklusive Jahresplaner zur Verfügung gestellt, damit niemand mehr eine Aktion verpasst.

Auch in der Mitarbeiterführung geht das Unternehmen neue Wege. Die Mitarbeitergespräche werden bewusst einfach gehalten. So verzichtet man bei Pölking darauf, den Mitarbeitern wie in vielen Betrieben üblich, «Noten» für ihr Engagement zu geben – was regelmäßig zu Unstimmigkeiten über die «richtige» Bewertung zwischen Vorgesetzten und Beschäftigten führt. Die Jahresgespräche werden mit nur fünf Fragen geführt, die schriftlich beantwortet werden:

- Was ist gut gelaufen?
- Was ist weniger gut gelaufen?
- Was brauche ich als Mitarbeiter/in von der Führungskraft/vom Unternehmen, um noch erfolgreicher zu sein?
- Was wünsche ich mir als Führungskraft vom Mitarbeiter, damit sie/er noch erfolgreicher arbeiten kann?
- Konkretisierung der gemeinsamen Vereinbarungen mit Terminen und To-Dos.

Das offene Gesprächsklima und der kooperative Führungsstil tragen zum gegenseitigen Vertrauen bei und fördern eine begeisternde Unternehmenskultur. «Unsere Mitarbeiter arbeiten mit hoher Eigenverantwortung und kurzen Entscheidungswegen. Wir fördern und fordern die persönliche und fachliche Entwicklung und erwarten Engagement und Einsatz im Sinne der Unternehmensinteressen», resümiert Angelika Pölking.

Ihre Erfolgsinsel im Mehr – Ankommen am neuen Ufer

Liebe Leserin, lieber Leser,

wir sind am Ende unserer gemeinsamen Reise angekommen, und Sie stehen am Anfang auf Ihrem Weg zur Kundenbegeisterung. Wie Sie bald feststellen werden, ist der Reiseweg unendlich lang, denn wenn Sie glauben, angekommen zu sein, schlägt die Gewohnheit oder die Betriebsblindheit zu, und Sie verfallen leicht in alte Routinen, die Sie von Ihrem Ziel wieder entfernen.

So können Sie die Reise in Ihrem Unternehmen erfolgreich antreten:

- Fangen Sie schnell an.
- Finden Sie Ihre eigene BeGEISTerung! Bringen Sie sich in einen begeisterten Zustand, und nutzen Sie dafür den Lebensfluss auf Seite 44 f. Suchen Sie nach einer Situation in Ihrem Leben, bei der Sie Begeisterung ganz stark gespürt haben. Vielleicht können Sie diese Erinnerung noch mit einem Musiktitel verbinden? Wenn ja, dann spielen Sie ihn. Drehen Sie die Lautstärke richtig auf, lassen Sie Ihren Gedanken freien Lauf und stellen Sie sich dabei Ihren Zielzustand genau vor. Stellen Sie sich bitte genau vor, wie es ist, wenn Sie Ihr Ziel erreicht haben, wenn Sie z.B. die Nummer 1 in Sachen Kundenbegeisterung in Ihrer Branche oder Ihrem Umfeld geworden sind. Wenn Sie dieses Ziel für sich klar sehen und am besten sogar schriftlich fixiert haben, dann gehen Sie zum nächsten Schritt.
- Nehmen Sie unsere Reisekarte von Seite 14 f. und fragen Sie einfach Ihre Mitarbeiter bzw. Ihr Team in der nächsten Besprechung ohne vorherige Ankündigung, wo Ihr Unternehmen ihrer Meinung nach steht, wo sie selbst stehen und wo sich das Ziel befindet. Anschließend fragen Sie, wie das Ziel durch einen besseren Umgang mit den Kunden erreicht werden kann. Sie wer-

den erstaunt sein, wie viele Ideen und Anregungen Sie bekommen werden!

- Systematisieren Sie die erkannten Begeisterungsfaktoren im Kundenkontakt und in den Prozessen mit Ihren Kunden. Setzen Sie eindeutige Prioritäten für Verbesserungen. Suchen Sie sich z.B. erst einmal nur einen Moment der Wahrheit aus, wie die Begrüßung am Telefon und im direkten Kundenkontakt. Beschreiben Sie den Zielstand für alle Mitarbeiter noch einmal ganz genau und achten Sie jetzt für ca. zwei Wochen nur auf diesen einen Punkt.
- Sorgen Sie für Visualisierungen. Hängen Sie Beschreibungen des Zielzustandes sichtbar auf.
- In den kommenden zwei Wochen beginnen alle Besprechungen mit dem Themenschwerpunkt Kundenbegeisterung. Dazu wird von den Mitarbeitern abwechselnd eine These aus diesem Buch vorgestellt, z.B.: «Wir sind Wissensriesen und Umsetzungszwerge». Diskutieren Sie jeden Punkt maximal 15 Minuten sehr praxisnah. Nutzen Sie zur Vertiefung der einzelnen Kapitel den exklusiven Internetzugang *www.dasbunteei.de*
- Sammeln Sie vom Team konkrete Begeisterungsideen. Nehmen Sie die ersten fünf Ideen und prüfen Sie diese auf die im Buch genannten Kriterien: Werden die Erwartungen des Kunden tatsächlich übertroffen? Besteht die Gefahr der Gewohnheit? Steht das Menscherlebnis im Vordergrund vor dem Materialerlebnis? Usw.
- Als Nächstes setzen Sie die erste Idee um und sammeln das Feedback sowie die Reaktion der Kunden. Sorgen Sie für ausreichend Informationen an alle Mitarbeiter.
- Stellen Sie einen Jahresplan auf und bearbeiten Sie z.B. monatlich jeweils einen entsprechenden Punkt aus dem Buch mit gleichbleibender Intensität. Planen Sie zwei bis drei Kundenbegeisterungsaktionen und als Führungskraft ein bis zwei Mitarbeiterbegeisterungsaktionen.
- Legen Sie einen Kundenbegeisterungsordner an. Ideen aus anderen Branchen aufzunehmen ist zwar erlaubt, allerdings gilt: Ka-

pieren, nicht kopieren! Wichtig ist, dass Ihre Differenzierung zur Konkurrenz nachhaltig ist.

- Bleiben Sie hartnäckig und vorbildlich! Kopieren Sie die 7 K's und kleben Sie sie sichtbar an Ihren Monitor.

Kennen Sie das Gefühl, wenn Sie jemandem mit einem Geschenk eine große Freude bereitet haben? Sehen Sie die strahlenden Augen und bekommen Sie selbst ein Gefühl der Freude und Wärme? Genau dieses Gefühl erwartet Sie bei der Umsetzung der Kundenbegeisterung!

Übrigens: Wann haben Sie zum letzten Mal ganz überraschend und «außer der Reihe» die Menschen begeistert, die Ihnen in Ihrem Leben am wichtigsten sind? Wenn nicht jetzt, wann dann?

Ich wünsche Ihnen von Herzen viel Erfolg bei der Umsetzung Ihrer Kundenbegeisterungsstrategie und freue mich auf Ihre zahlreichen Erfolgsmeldungen!

Ihr Ralf R. Strupat

Literatur

Adobe Systems GmbH: «Kundenzufriedenheit wird zum Hauptgeschäftsziel. Weltweite Untersuchung der Economist Intelligence Unit.» http://adobe.ffpress.net, 11.4.2007.

Bailom, Franz / Kurt Matzler / Dieter Tschemernjak: Was Top-Unternehmen anders machen. Wien: Linde Verlag, 2006.

Blanchard, Kenneth / Sheldon Bowles: Wie man Kunden begeistert. Der Dienst am Kunden als A und O des Erfolgs. Reinbek: Rowohlt, 1994.

Cohrs, A.: «Wer soll das noch kapieren? Immer mehr englische Fachbegriffe verwirren die deutschen Autofahrer.» In: Auto Bild, Nr. 20 / 19.5.2006, S. 88.

Digital media center (dmc): «Kunden unzufrieden mit der Produktsuche von Onlineshops.» www.businessportal24.com/de/Kunden_Produktsuche_Onlineshops_225320.html, 30.8.2007.

dpm-Team: «Aktuelle Studie zeigt: Der beste Service ist einfach nur freundlich.» www.dpm-team.de, 18.8.2004.

Förster, Anja / Peter Kreuz: Alles, außer gewöhnlich! Provokative Ideen für Manager, Märkte, Mitarbeiter. Berlin: Econ, 2. Aufl. 2007.

Forum! Marktforschung: «Kundenfocus Deutschland 2007.» www.forum-mainz.de

Friedrich, Kerstin / Lothar J. Seiwert / Edgar K. Geffroy: Das neue 1x1 der Erfolgsstrategie. EKS – Erfolg durch Spezialisierung. Offenbach: GABAL, 8. Aufl. 2002.

Grünewald, Stephan: «Welchen Service wünschen Kunden wirklich?» in: Spalink, Heiner (Hrsg.): Kundenparadies Deutschland. S.19–35.

Horx, Matthias (Hrsg.): Zukunftsletter: Service Economy. Bonn, September 2006. www.zukunftsletter.de

Kappeller, Wolfgang: «Investgüterindustrie: Service schlägt Produktverkauf.» In: Sales Business, Juli/August 2007, S. 11–15.

Krafft, Manfred / Bert Klingsporn (Hrsg.): Kundenkarten. Kundenkartenprogramme erfolgreich gestalten. Düsseldorf: Fachverlag der Verlagsgruppe Handelsblatt, 2007.

Kröher, Michael O.R.: «Büro-Studie: Triumph der Ineffizienz.» www.manager-magazin.de/magazin/artikel/0,2828,427703,00.html. 30.8.2006.

Mathes, Werner: «Räuber in Latzhosen.» In: Stern, Nr. 6, 30.1.1997, S. 40.

Mewes, Wolfgang / Beratergruppe Strategie (Hrsg.): Mit Nischenstrategie zur Marktführerschaft. Strategie-Handbuch für mittelständische Unternehmen. Zwei Bände. Zürich: Orell Füssli, 2000 und 2001.

O.Verf.: «Kundenkarten: Halbherzig und einfallslos.» www.business-wissen.de, 18.7.2007

O.Verf.: «Servicetest: Kunden strafen Konzerne ab.» www.focus.de/finanzen/news/servicetest/tid-6892/servicetest_aid_67185.html, 20.7.2007.

Peale, Norman Vincent: Was Begeisterung vermag. Zürich: Oesch, 1994.

Pfaff, Dietmar: Kunden verstehen, gewinnen und begeistern. Ihr Praxiswissen für ein erfolgreiches Marketing. Frankfurt: Campus, 2006.

Pine, B. Joseph / James H. Gilmore: Erlebniskauf. Konsum als Ereignis, Business als Bühne, Arbeit als Theater. München: Econ, 2000.

Schmid, Michael: Service Engineering. Innovationsmanagement für Industrie und Dienstleister. Stuttgart: Kohlhammer, 2005.

Schmitt, Bernd H. / Marc Mangold: Kundenerlebnis als Wettbewerbsvorteil. Mit Customer Experience Management Marken und Märkte gestalten. Wiesbaden: Gabler, 2004.

Schüller, Anne / Gerhard Fuchs: Total Loyalty Marketing. Mit loyalen Mitarbeitern und treuen Kunden zum Unternehmenserfolg. Wiesbaden: Gabler, 2002.

Schüller, Anne M.: Zukunftstrend Kundenloyalität. Endlich erfolgreich durch loyale Kunden. Göttingen: Business Village, 2005.

Schüller, Anne: Come back! Wie Sie verlorene Kunden zurückgewinnen. Zürich: Orell Füssli, 2007.

Schweizer, Markus / Thomas Rudolph: Wenn Käufer streiken. Mit klarem Profil gegen Consumer Confusion und Kaufmüdigkeit. Wiesbaden: Gabler, 2004.

Seiwert, Lothar J.: 30 Minuten für optimale Kundenorientierung. Offenbach: GABAL, 1999.

ServiceBarometer: «Kundenmonitor Deutschland 2006.» www.kundenmonitor.de, www.servicebarometer.com

Simonis, Umberta Andrea: Mehr Erfolg im Umgang mit Kunden. Der erste «Knigge» für Handwerker: Begeisterte Kunden, lukrative Aufträge, mehr Anerkennung. Bad Wörishofen: Holzmann Verlag, 2. Aufl. 2002.

Spalink, Heiner (Hrsg.): Kundenparadies Deutschland. Aktuelle Spitzenleistungen und Konzepte für die Zukunft. Berlin: Springer, 2004.

Tominaga, Minoru: «Tante Emma kommt heim. Wie aus Deutschland ein kundenfreundliches Land wird.» www.changeX.de, 4.4.2006

Zimmermann, Hans-Peter: Groß-Erfolg im Kleinbetrieb. Wie man einen Betrieb mit 1 bis 40 Mitarbeitern zum Erfolg führt. München: mvg-Verlag, 1995.

Abbildungsnachweis

Der Firma Trainment (www.trainment.de) danke ich für die Abdruckrechte der Reisekarte auf Seite 14 f.

Den Lebensfluss auf Seite 44 f. verdankt dieses Buch der Kreativität von Barbara Kahl-Zimmermann von der Fossyart GmbH (www.fossyart.com).

Ich danke dem Gartencenter Brockmeyer für die Erlaubnis, die beiden Fotos Seite 126 f. im Unternehmen aufnehmen zu dürfen.

Günter Schwarte von der Privat-Fleischerei Reinert sei herzlich gedankt, dass er die Fotos auf Seite 160 f. für dieses Buch zur Verfügung gestellt hat.

Beim Haller Kreisblatt bedanke ich mich für das Foto von André Horsthemke und mir auf Seite 153 f.

Nicht zuletzt sei Wolfgang Dietzel aus Nümbrecht für seine humorvollen Karikaturen gedankt, die er zu diesem Buch beigesteuert hat.

Danksagung

«Was du mit Gelde nicht bezahlen kannst, bezahle wenigstens mit Dank.»

Mein tiefster Dank gilt allen Menschen, die direkt und indirekt an diesem Buch mitgewirkt haben. Dazu gehören meine Kunden, Trainingsteilnehmer, Vortragszuhörer und viele mehr, die hier nicht alle namentlich erwähnt werden können. Sie haben mir durch ihre Rückmeldungen wertvolle Hinweise, Anregungen, Korrekturen und vor allem viel Begeisterung gegeben.

Folgenden Menschen danke ich hier ausdrücklich:
- Meinen Kunden für ihre Großzügigkeit und das Vertrauen, ihre Beispiele hier offen mitzuteilen.
- Meinen kostbaren Mitarbeiterinnen: Gaby Mestemacher für ihren unerschütterlichen Glauben an mich und unser Thema. Und insbesondere Jennifer Zacher, die KundenBegeisterung wirklich im Blut hat: Nur durch Jennis aktive Unterstützung konnte das Buch so zügig erscheinen!
- Dr. Sonja Klug von der Buchagentur Netzwerk danke ich, dass sie das Buchprojekt in die richtigen Bahnen gelenkt und mich konsequent sowie kompetent unterstützt hat.
- Dem Orell Füssli Verlag und insbesondere Pia Hiefner-Hug, der jetzt zuständigen Programmleiterin, die von Beginn an vom «bunten Ei» begeistert war, danke ich ebenfalls für ihr Engagement.
- Bleiben noch meine persönlichen Coachees: Arne, Laura, Tim und Henning, meine tollen Kinder – sie sind gute Lehrer und halten mir oft den Spiegel vor. Und meine Frau – sie verdient einen Orden dafür, dass sie immer zu mir und meinen Ideen und Taten steht (und diese aushält) und dazu noch meine schärfste Kritikerin ist. Viele wichtige Korrekturen wurden durch sie eingeleitet.

Danke!
Ralf R. Strupat

Über den Autor

Ralf R. Strupat, Inhaber der ersten Full-Service-Agentur für KundenBegeisterung, begleitet Unternehmen und Institutionen auf dem Weg, schnell und dauerhaft eine neue Begeisterungs-Kultur zu etablieren.

Nach einer kaufmännischen Ausbildung und einem pädagogischen Studium leitete er zehn Jahre lang die Geschäftsbereiche Personal und Vertrieb in einer Baufirma und erlebte dort den immer härter werdenden Wettbewerb. Er hat es als Erster geschafft, KundenBegeisterung im Bau zu etablieren. Danach stellte er fest, dass das Feuer der Begeisterung auf jede Branche überspringen kann, und entwickelte 1998 die erfolgreiche Strategie der KundenBegeisterung.

Seitdem trägt er mit seinen Trainings und Vorträgen die Begeisterung in Unternehmen verschiedener Branchen wie Gesundheitsmanagement, Handwerk, (Lebensmittel-)Handel, Industrie (Maschinenbau, Nahrung) und Non-Profit-Organisationen hinein. Er steigert die Motivation von Mitarbeitern und Unternehmern, damit KundenBegeisterung aktiv gelebt wird.

Der vierfache Familienvater ist zudem in Vorständen von Non-Profit-Organisationen sozial engagiert sowie Geschäftsführer eines sehr erfolgreichen Wirtschaftskreises in Hannover und Aufsichtsratsmitglied einer AG. Ralf R. Strupat ist außerdem als Dozent und Key-Note-Speaker tätig.

www.begeisterung.de
www.das-bunte-ei.de